Der medizinischen Fakultät der Universität Göttingen

vorgelegt am 24. August 1917

Referent: Korreferent:
Privatdoz. Dr. Loewe   Prof. Dr. Jensen

Die Drucklegung ist seitens der Fakultät genehmigt.

ISBN 978-3-662-42295-3   ISBN 978-3-662-42564-0 (eBook)
DOI 10.1007/978-3-662-42564-0

I. Einleitung.

Unter der Bezeichnung „proteinogene Amine" versteht man bekanntlich Abbauprodukte pflanzlicher und tierischer Eiweißkörper, welche aus den Aminosäuren durch Abspaltung der Carboxylgruppe entstehen, und die sich teilweise durch eine hervorragende physiologische Bedeutung auszeichnen. In erster Reihe stehen hier Adrenalin, Tyramin und Histamin mit ihrer elektiven Wirksamkeit an der glatten Muskulatur der Gefäße und der Eingeweideorgane. In ihrer chemischen Konstitution besteht eine gewisse Ähnlichkeit insofern, als sie, an verschieden gebaute Ringsysteme gebunden, die Aminoäthyl-Seitenkette gemeinsam haben.

Unter diesem Gesichtspunkt [1]) beschäftigte uns die Fragestellung, ob nicht auch synthetisch dargestellte, analog konstituierte Derivate anderer Ringsysteme, die nicht als einfache Abkömmlinge von Eiweißkörpern anzusprechen sind, also nicht proteinogene Amine, irgendwelche elektiven Wirkungen entfalten, zumal die Möglichkeit der synthetischen Darstellung auch der proteinogenen Amine geeignet ist, die scharfe Grenze zwischen beiden Gruppen zu verwischen.

I.

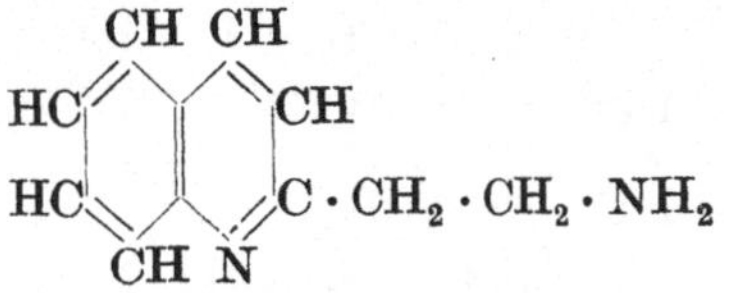

$$\text{Chinolyläthylamin}$$

Chinolyläthylamin.

Drei derartige nicht proteinogene Amine standen uns zu unseren Untersuchungen zur Verfügung. Den Bemühungen Loewes war es

---

[1]) Zeitschr. f. d. ges. experim. Med. **6**, 335. 1918.

1*

gelungen, das zuvor nur aus der einmaligen Synthese des Chemikers bekannte Chinolyläthylamin nach besonderem Verfahren zum ersten Male in einer zur pharmakologischen Prüfung ausreichenden Menge synthetisch darzustellen; in seiner Vorprüfung konnte er bereits eine elektive Wirksamkeit auf Organe mit glatter Muskulatur feststellen[1]), die noch näher zu untersuchen war. Der zweite unserer Körper, das Piperidyläthylmethylamin[2]) wurde von Loewe

II.

$$CH_2$$
$$H_2C \quad CH_2$$
$$H_2C \quad CH \cdot CH_2 \cdot CH_2 \cdot NH \cdot CH_3$$
$$NH$$

Piperidyläthylmethylamin.

vor einiger Zeit zum ersten Male synthetisch hergestellt. Das dritte nicht proteinogene Amin, 4-Oxynaphthyläthylamin[2]), ist jüngst

III.

$$CH \quad C \cdot OH$$
$$HC \qquad CH$$
$$HC \qquad CH$$
$$CH \quad C \cdot CH_2 \cdot CH_2 \cdot NH_2$$

4-Oxynaphthyläthylamin.

von A. Windaus und Daisy Bernthsen-Buchner[3]) dargestellt und uns zu Vergleichsuntersuchungen in dankenswerter Weise überlassen worden.

Da Chinolyläthylamin im Mittelpunkt unserer Untersuchungen stand, wurde seine pharmakologische Wirkung außerdem mit derjenigen des Chinolins (IV), Chinaldins (V) und Chinaldylalkins (VI) ver-

IV.

$$CH \quad CH$$
$$HC \qquad CH$$
$$HC \qquad CH$$
$$CH \quad N$$

Chinolin

---

[1]) Zeitschr. f. d. ges. experim. Med. **6**, 347 ff. 1918.

[2]) Im weiteren Verlauf der vorliegenden Mitteilung kurz als Piperidyl- bzw. Naphthyläthylamin bezeichnet.

[3]) Berichte d. deutsch. chem. Gesellsch. **50**, 1120. 1917.

glichen, seinen nächsten chemischen Verwandten aus der Chinolinreihe,
die sich in ihrem Aufbau dem Chinolyläthylamin immer mehr nähern, bis

V.

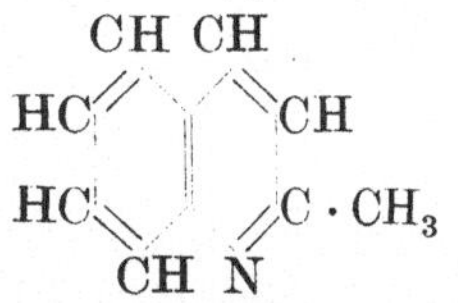

$$\begin{array}{ccc} & CH\ CH & \\ HC & & CH \\ HC & & C\cdot CH_3 \\ & CH\ N & \end{array}$$

Chinaldin.

im Chinaldylalkin schließlich die endständige Hydroxylgruppe an Stelle
der Aminogruppe den einzigen Unterschied darstellt.

VI.

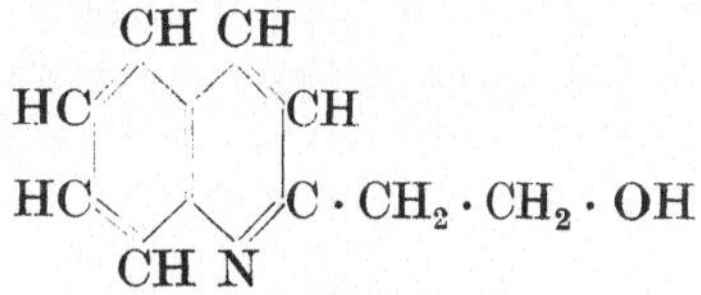

$$\begin{array}{ccc} & CH\ CH & \\ HC & & CH \\ HC & & C\cdot CH_2\cdot CH_2\cdot OH \\ & CH\ N & \end{array}$$

Chinaldylalkin.

Auf dem Wege über Chinolin war außerdem eine nahe Beziehung
des Chinolyläthylamins zum Chinin gegeben, dessen Konstitution nach
zahlreichen Untersuchungen heute in folgender Form (VII) feststeht:

VII.

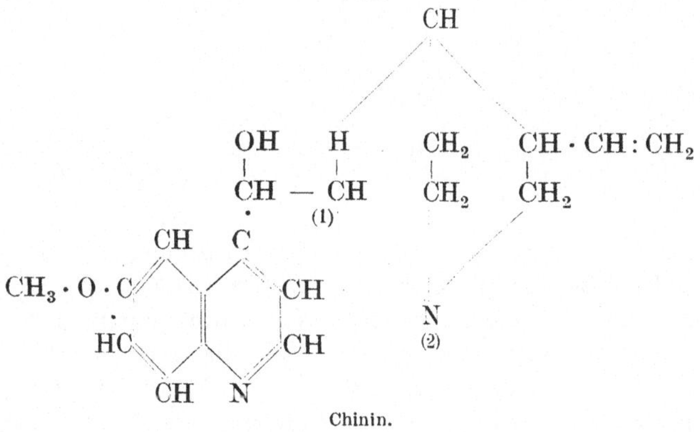

Chinin.

Diese Beziehungen sind aber noch näher auf Grund folgender Über-
legungen: Einmal ist auch im Chininmolekül der Stickstoff des Loipon-
anteils durch zwei Kohlenstoffatome vom Chinolinkern getrennt; zwei-
tens aber mußte man nach den Darlegungen von Kaufmann[1])
annehmen, daß gerade eine derartige Bindung des Stickstoffs an den
Chinolinkern das wesentliche Moment zum Zustandekommen einer

---

[1]) Berichte d. deutsch. chem. Gesellsch. **46**, 1824. 1913; dort auch Lit.
Vgl. auch H. Peyer, Sur la synthèse de la Néoquine. Diss. Genf 1914.

Chininwirkung darstellt. Er fand nämlich, daß einerseits ein von ihm Neochin genannter Körper (VIII), in welchem also der Stickstoff nicht

VIII.

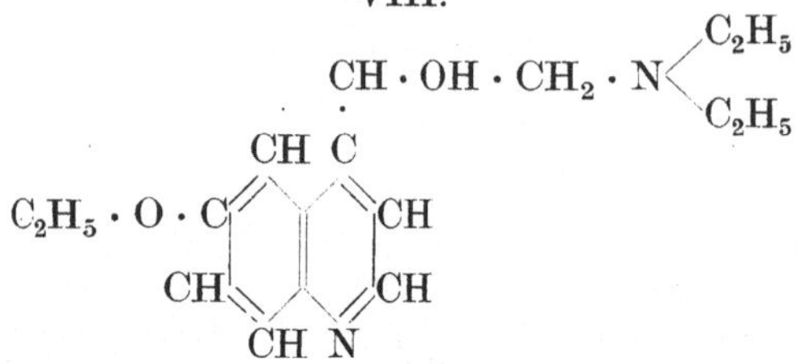

$$CH \cdot OH \cdot CH_2 \cdot N \begin{cases} C_2H_5 \\ C_2H_5 \end{cases}$$

$$C_2H_5 \cdot O \cdot C \underset{CH}{\overset{CH \quad C}{\diagdown}} \quad CH \quad CH \quad CH \quad N$$

Neochin.

mehr im Gefüge eines Piperidinringes, sondern an einer aliphatischen Seitenkette stand, noch Chininwirkung entfaltete, während diese andrerseits durch Aufhebung der kurzen Verbindung zwischen dem Chinolinseitenketten-C (1) und dem Loipon-N (2), also etwa bei der Umwandlung des Chinins in das isomere Chinicin (IX), zum Verschwinden gebracht wurde.

IX.

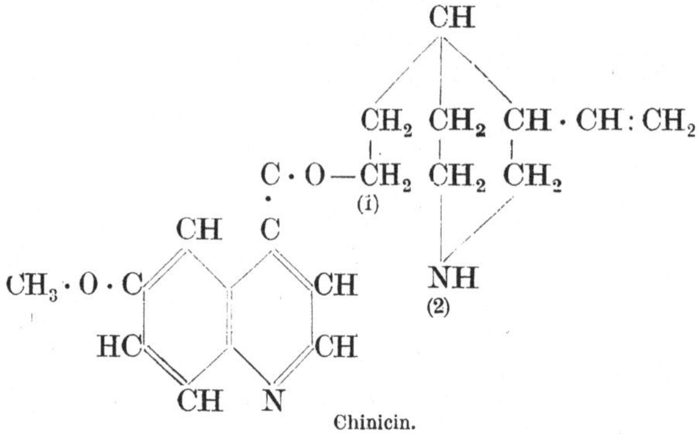

$$CH$$

$$CH_2 \quad CH_2 \quad CH \cdot CH : CH_2$$

$$C \cdot O - CH_2 \quad CH_2 \quad CH_2$$
(i)

$$CH_3 \cdot O \cdot C \qquad CH \qquad NH$$
(2)

Chinicin.

Wir machten es uns also zur Aufgabe, zwei Reihen von Verbindungen zu untersuchen, die Chinolyläthylamin als Kreuzungspunkt gemeinsam haben, die Reihe der nicht proteinogenen Amine unter Einbeziehung einiger proteinogener und diejenige der Chinolinderivate mit Einschluß des Chinins, wie es nebenstehendes Schema (S. 7) ausdrückt.

Die spezifische Wirkungsweise der proteinogenen Amine einerseits, des Chinins andererseits leitete bei der Auswahl der Untersuchungsobjekte: Blutdruck, Gefäßpräparat, Organe mit glatter Muskulatur, Protozoen und Hefegärung. Außerdem wurden vergleichende Prüfungen an Kalt- und Warmblütern bei subcutaner Applikation vorgenommen.

Sämtliche Verbindungen kamen in Form der salzsauren Salze zur Untersuchung. Da die Salze der schwachen Chinolinbasen sauer reagierten, wurden alle Lösungen durch Neutralisieren auf einen möglichst geringen und möglichst gleichen Aciditätsgrad eingestellt. —

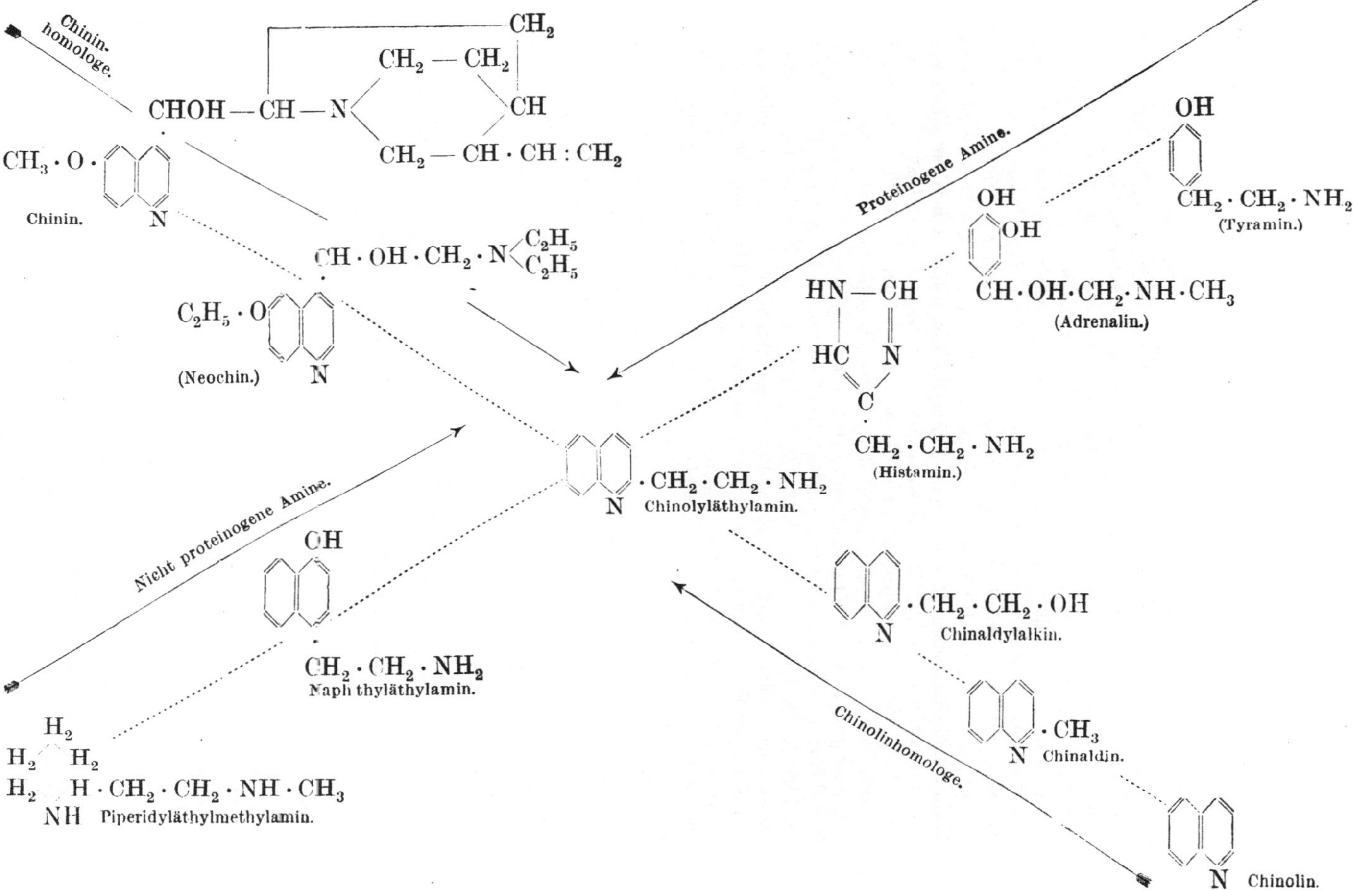

Chinin-homologe.
CHOH — CH — N
CH₂ — CH₂
CH₂
CH
CH₂ — CH · CH : CH₂
CH₃ · O ·
N
Chinin.
CH · OH · CH₂ · N< C₂H₅ / C₂H₅
C₂H₅ · O ·
N
(Neochin.)
Proteinogene Amine.
OH
CH₂ · CH₂ · NH₂
(Tyramin.)
OH
OH
HN — CH
HC
N
C
CH · OH · CH₂ · NH · CH₃
(Adrenalin.)
CH₂ · CH₂ · NH₂
(Histamin.)
N · CH₂ · CH₂ · NH₂
Chinolyläthylamin.
Nicht proteinogene Amine.
OH
CH₂ · CH₂ · NH₂
Naphthyläthylamin.
H₂
H₂   H₂
H₂   H · CH₂ · CH₂ · NH · CH₃
NH   Piperidyläthylmethylamin.
N · CH₂ · CH₂ · OH
Chinaldylalkin.
N · CH₃
Chinaldin.
N
Chinolin.
Chinolinhomologe.

II. Blutdruckversuche.

Wir begannen unsere Untersuchungen mit dem Studium der Blutdruckwirkung der Stoffe am lebenden Kaninchen, um gleichzeitig Beobachtungen über ihre sonstigen pharmakologischen Wirkungen am lebenden Tier machen zu können.

Frühere Feststellungen über die Beeinflussung des Blutdrucks liegen unseres Wissens nur über Chinin vor. Nach Poulsson[1]) ist die Wirkung des Chinins auf das Herz wahrscheinlich analog derjenigen auf die Skelettmuskulatur (siehe Abschnitt: Wirkung auf Organe mit glatter Muskulatur). Kleine Mengen machen den Puls frequent und erhöhen den Blutdruck, große erzeugen langsamen Puls und erniedrigen den Blutdruck. Daß es sich hierbei um eine Schwächung der motorischen Apparate des Herzens handelte, wurde aus der Unwirksamkeit des Atropins unter der Chininwirkung geschlossen[2]). Am isolierten Froschherzen ist Chinin noch in der Verdünnung von 1 : 500 000 wirksam. In der Diastole wird das Volumen des Herzens größer als in der Norm; da aber auch in der Systole das Volumen größer wird, nimmt das Pulsvolumen nicht zu, vielmehr die Auswurfsleistung ab[3]). Am isolierten Gefäßpräparat fand Kobert gefäßerweiternde Wirkung; darauf sowie auf einer Lähmung der Vasomotorenzentren beruhe die blutdrucksenkende Wirkung großer Dosen. Durch Chinin in der Konzentration von 1 : 5000 wird das Froschherz in wenigen Minuten getötet. Santesson beobachtete an Kaninchen bei kleinen Chiningaben geringe Blutdrucksteigerung und Zunahme der Pulsfrequenz, bei großen Dosen dagegen Blutdrucksenkung und Pulsverlangsamung. Am isolierten Froschherzen fand er Verminderung der Pulsfrequenz, während die Pulsvolumina meistens verkleinert, manchmal vorübergehend vergrößert wurden, was er auf die beginnende Erholung der Systole bei noch vergrößerter Diastole zurückführte.

Über eine etwaige Blutdruckwirkung des Chinolins selbst sind in der Literatur keine Angaben zu finden, dagegen wurde ein Chinolinderivat, γ-Phenylchinaldin (X),

$$X.$$

$$C_6H_5$$

$$CH_2$$

$$N$$

von Jodlbauer und Fürbringer[4]) am Kaninchen genauer untersucht, um seine Unschädlichkeit als Malariamittel zu prüfen. Hierbei wurde festgestellt, daß es, wenn man von seiner antipyretischen Wirkung absieht, in erster Reihe ein Respirationsgift ist, das die Atmung anfangs beschleunigt, später verlangsamt und zum Stillstand bringt. Der Blutdruck stieg bei intravenöser Injektion nur wenig unter gleichzeitiger Abnahme der Pulsfrequenz. Außerdem traten bei großen Dosen Tremor und tonisch-klonische Krämpfe auf. Bei tödlichen Dosen (0,36 g pro Kilogramm) ergab die Sektion in mehreren Fällen Lungenödem und Hämorrhagien in den Unterlappen. Dieselbe Beeinflussung der Atmung und derselbe Sektions-

---

[1]) Poulsson, Lehrbuch der Pharmakologie, 3. Aufl.
[2]) Santesson, Archiv f. experim. Pathol. u. Pharmakol. **32**, 321. 1893.
[3]) Kobert, Lehrbuch der Intoxikationen, 2. Aufl., S. 1125.
[4]) Archiv f. klin. Med. **59**, 154.

befund wurde auch von Biach und Loimann[1]) bei ihren Untersuchungen über die antipyretische Wirkung des Chinolins am Kaninchen erhoben. Die letale Dosis betrug in einem Falle nur 0,2 g.

Methodik.

Als Versuchsobjekte dienten in unseren Untersuchungen ebenfalls Kaninchen. Eine A. carotis wurde mit Hilfe einer Kanüle in üblicher Weise mit einem Quecksilbermanometer verbunden, dessen Schwankungen durch einen Schwimmer mit Schreibvorrichtung auf dem Kymographion aufgezeichnet wurden. Die Stoffe wurden in 2 proz. Lösung in den jeweils angegebenen Mengen in eine Ohrvene injiziert. Außer dem Blutdruck, der Pulsamplitude und -frequenz, die aus den Kurven zu entnehmen sind, wurde vor allem die Atmung beobachtet, die allerdings beim Kaninchen großen spontanen Schwankungen unterworfen ist.

Versuchsergebnisse.

Die Versuche (Versuch 1—12) finden sich in Tabellenform mit den zugehörigen Kurven auf S. 33 ff. zusammengestellt. Die Resultate waren folgende:

Chinin (Versuch 1, S. 33) verursachte in der Dosis von 0,02 g pro Kilogramm keine deutliche Wirkung auf den Blutdruck. Nach anfänglicher Senkung um 6 mm (= ca. 11%) stieg der Druck langsam, und zwar ebenfalls um 6 mm über die vorherige Höhe. Dagegen wurde die Pulsamplitude für längere Zeit deutlich verstärkt (von 5,5 auf 7 mm = 27%), die Pulsfrequenz um 30% beschleunigt, die Atmung verlangsamt. Eine zweite Injektion von 0,1 g Chinin = 0,05 g pro Kilogramm war bereits tödlich. Der Blutdruck sank kollapsartig ab, die Pulsfrequenz wurde schnell um 66%, die Pulsgröße um 68% vermindert. Noch vor dem Herzstillstand trat unter einigen Zuckungen Atmungsstillstand ein.

Chinolin (Versuch 2, S. 34) hatte auch in Gaben von 0,02 g pro Kilogramm keinerlei deutliche Wirkung auf Blutdruck, Pulsgröße und Frequenz.

Chinaldin (Versuch 3, S. 35) verursachte in der Dosis von 0,01 g eine leichte Drucksteigerung von etwa 8%; bei 0,02 g trat nach kurzer Drucksenkung eine mehrere Minuten dauernde Steigerung um 10 mm = 14% ein, wobei die Pulsamplitude etwas kleiner wurde. Beide Male wurde die Atmung beschleunigt.

Chinaldylalkin hat ebenfalls (Versuch 4—8, S. 36 ff.) keine konstante Wirkung auf den Blutdruck. Bei kleinen Dosen trat einige Male eine geringe Drucksteigerung ein (bis zu 10%), ein anderes Mal eine leichte Drucksenkung. Bei 0,315 g pro Kilogramm war der Druck $^3/_4$ Minuten um ca. 13 % erhöht und sank dann unter starken Schwankungen unter die Norm. Die Pulshöhe wurde in mehreren Fällen deutlich verstärkt, einmal verdoppelt, die Frequenz in kleinen Dosen be-

---

[1]) Archiv f. Anat. u. Physiol. **86**, 456.

schleunigt (6,0%), in großen Dosen stark verlangsamt (34%). Die Atmung wurde regelmäßig beschleunigt. Bei der Dosis von 1,4 g = 0,736 g pro Kilogramm trat ohne besondere Erscheinungen kollapsartige Drucksenkung, Atemstillstand und Tod ein.

Während also weder Chinin noch die bis jetzt besprochenen Chinolinderivate eine deutliche Blutdruckwirkung ausübten, konnte dagegen eine bei wirksamen Dosen konstante Drucksteigerung beim Chinolyläthylamin festgestellt werden (Versuch 9—12, S. 40ff.). Bei 0,001 g pro Kilogramm war sie nicht deutlich, bei 0,002 g betrug sie mehrere Minuten bis zu 22 mm = ca. 40% (Versuch 10); 0,005 g verursachte einen sofortigen Anstieg um 26—34 mm = 46% (Versuch 11). Nach dem langsam erfolgenden Abfall des Druckes traten wiederholt starke Schwankungen auf. Noch regelmäßiger war eine starke Vergrößerung der Pulsamplitude zu beobachten. Sie trat schon bei den kleinsten Dosen (0,001 g) konstant ein und betrug bis zu 4,5 mm = 300%. Die Pulsfrequenz wurde entsprechend der Druckerhöhung regelmäßig vermindert (bis um 82 Schläge = 34%), die Atmung meistens verlangsamt. In einem Falle (Versuch 12) trat bei 0,01 g Chinolyläthylamin der Exitus ein, nachdem das Tier allerdings vorher schon größere Mengen der Chinolinderivate injiziert bekommen hatte. Nach allgemeinen tonischen Krämpfen und starker Drucksenkung erfolgte Stillstand der Atmung, dann der Herztätigkeit. Die Sektion ergab ausgedehnte Hämorrhagien in beiden Unterlappen[1]).

Der Vergleich der Kurve von Versuch 11 und der Adrenalinkurve, die in Versuch 2 angeschlossen ist und von dem gleichen Versuchstier stammt, würde dazu führen, 5 mg Chinolyläthylamin etwa dieselbe Wirkung zuzuschreiben, wie 0,125 mg Adrenalin. Bei einem derartigen Vergleich ist aber zu berücksichtigen, daß die Adrenalindarreichung an ein nahezu unvorbehandeltes Tier erfolgte, während die zum Vergleich herangezogene Chinolyläthylamingabe in eine Zeit fällt, in der bereits zahlreiche gleichartige Vorbehandlungen vorlagen[2]).

---

[1]) Naphthyl- und Piperidyläthylamin konnten nicht untersucht werden, da sie zur Zeit der Blutdruckversuche noch nicht zur Verfügung standen.

[2]) Dem Chinolyläthylamin am Gefäßpräparat einen ähnlichen Angriffspunkt zuzusprechen wie dem Adrenalin, ist nun nicht allzu fernliegend. Damit würde von vornherein nahegelegt, seine Wirksamkeit auch hinsichtlich der Abhängigkeit von der „Vorgeschichte" der Gefäßpräparate mit dem Adrenalin auf eine Stufe zu stellen. Freilich scheint dieser Punkt für das Adrenalin noch nicht sichergestellt zu sein. Wenigstens besteht zwischen den Angaben Kretschmers (Arch. f. exp. Path. u. Pharm. 57, 423. 1907) und den Erfahrungen des hiesigen Instituts Widerspruch. Nach bisher unveröffentlichten Untersuchungen von Loewe und Kohlfärber am isolierten Kaninchenohrpräparat muß aber eine Wirkungsminderung des Adrenalins durch Vorbehandlung behauptet werden. Eine analoge Vermutung für das Chinolyläthylamin findet eine Stütze in dem Ausfall der Chinolyläthylaminwirkungen in Versuch 9. Während hier die Wirk-

Zusammenfassend wäre also über die Chinolinkörper zu sagen, daß Chinolin, Chinaldin und Chinaldylalkin keine deutliche Wirkung auf den Blutdruck ausüben. Die Pulsamplitude wird von Chinaldylalkin verstärkt.

Chinolyläthylamin dagegen wirkt bereits in physiologischen Gaben beträchtlich blutdrucksteigernd, vergrößert das Pulsvolumen stark und verlangsamt die Pulsfrequenz.

In großen Dosen erzeugen alle Chinolinderivate leicht Druckabfall und Kollaps, wobei die Atmung vor der Herztätigkeit aufhört.

III. Untersuchungen am isolierten Gefäßpräparat.

Zur genaueren Analyse der Blutdruckversuche wurden Prüfungen unserer Substanzen am isolierten Gefäßpräparat angeschlossen.

Methodik.

Zunächst wurden Versuche am Froschgefäßpräparat nach Läwen und Trendelenburg[1]) angestellt, die dann aber wegen Mangels an geeignetem Material am isolierten Kaninchenohr fortgesetzt wurden. Letztere Methode ist nach den Feststellungen von Krawkow und Bissemski[2]) zum Studium von pharmakologischen Wirkungen am isolierten Gefäßpräparat gut geeignet; sie hat sich auch früheren Untersuchern im hiesigen Institut[3]) sowie bei den hier folgenden Versuchen bewährt. In Narkose wurde eine Kanüle in die Ohrarterie eingebunden, das Ohr an der Wurzel abgeschnitten, die Gefäße mit Ringerlösung durchströmt und das Strömungsquantum durch Zählung der aus den Ohrvenen ausströmenden Tropfen gemessen. Die Lösungen wurden in den Zuführungsschlauch der Durchströmungslösung injiziert, und zwar immer in der Menge von 1 ccm in den bei den Kurven vermerkten Konzentrationen. Als Vergleichslösung für die vasoconstrictorische Wirkung diente Adrenalin. Die beobachtete Tropfenzahl pro Minute ist kurvenmäßig in Versuch 13—39, S. 46 ff., dargestellt. Um exakte Vergleiche anstellen zu können, wurden die Kurven sodann auf Prozentzahlen umgerechnet, indem die Tropfenzahl vor jeder Injektion gleich 100 gesetzt wurde. Die so erhaltenen Kurven (A—E) sind in der Reihenfolge der Versuche auf S. 51 ff. wiedergegeben. Da die Empfindlichkeit des Präparats sich langsam änderte, nämlich im Laufe des ersten Versuchstages abnahm, am zweiten Versuchstag aber wesentlich größer war als am ersten, sind ganz exakte Vergleiche nur unter Berücksichtigung der jeweiligen Adrenalinkurven möglich.

---

samkeit der nahezu unterschwelligen ersten Gabe als angemessen bezeichnet werden darf, sind die Reaktionen auf die folgenden, in unzweckmäßig geringen Zeitabständen angeschlossenen höheren Einspritzungen auffallend gering. Wir legen trotzdem Wert darauf, diesen Versuch nicht zu vernachlässigen, denn er scheint uns gerade das Verhalten beim „Einschleichen" in höhere Gaben zu beleuchten und zu zeigen, daß unter solchen Bedingungen Chinolyläthylamin an Wirksamkeit verliert.

[1]) Archiv f. experim. Pathol. u. Pharmakol. **51**, 415. 1904. **63**, 161. 1910.

[2]) Zeitschr. f. d. ges. experim. Med. **1**. 355. 1913.

[3]) Vgl. z. B. die demnächst im Archiv f. experim. Pathol. u. Pharmakol. erscheinende Arbeit von F. Schönfeld.

Versuchsergebnisse.

Alle zur Untersuchung gekommenen Stoffe erzeugten eine sofortige Abnahme der Tropfenzahl, die aber bei Chinin und den Chinolinderivaten mit Ausnahme des Amins sehr bald wieder anstieg. Häufig trat dann im aufsteigenden Teil der Kurve eine nochmalige kleine Senkung ein.

Wie die Kurven zeigen, kommt weder dem Chinin noch den einsäurigen Chinolinkörpern eine länger anhaltende Gefäßwirkung zu.

Wohl aber ist eine solche beim Chinolyläthylamin zu konstatieren. Während bei den übrigen Chinolinderivaten die Verringerung der Tropfenzahl nur 1—2 Minuten anhielt, war sie bei Chinolyläthylamin in den meisten Fällen noch nach 20—25 Minuten ganz ausgesprochen. Die einen Vergleich mit Adrenalin erlaubenden Kurven auf Bl. A und E zeigen, daß die gefäßverengernde Wirkung des Chinolyläthylamins etwa derjenigen der 25 fach schwächeren Adrenalinlösung gleichkommt. In gleichstarker Konzentration (1 : 500 000; Kurve IV, S. 57) beträgt die Verringerung des Strömungsquantums sogar mehr als die Hälfte der durch Adrenalin herbeigeführten. Soweit es bei der wechselnden Empfindlichkeit (Kurve I, S. 55) des Gefäßpräparates zu beurteilen ist, hat es den Anschein, daß die gefäßverengernde Wirkung des Chinolyläthylamins nicht proportional der Konzentration zunimmt, sondern daß das Optimum bei 1 : 50 000 liegt (Kurve III, S. 56). Bemerkenswert war in einigen Fällen, daß die Gefäßverengerung durch Adrenalin nach vorheriger Chinolyläthylamineinwirkung schwächer als sonst ausfiel. Demnach könnten sich Chinolyläthylamin und Adrenalin in der „Vorgeschichte" der Gefäßpräparate vertreten (vgl. hierzu S. 10).

Auch Piperidyläthylamin hat eine bedeutende vasoconstrictorische Wirkung (Kurve B und E, sowie V und VIII). Da für Piperidin bereits von früheren Untersuchern eine starke Gefäßwirkung festgestellt wurde[1]), ist es nicht auffallend, daß diese auch dem Äthylaminoderivat zukommt. In einem Falle übertraf sie diejenige des Chinolyläthylamins, in einem anderen Falle war sie geringer.

Naphthyläthylamin erwies sich als nur schwach wirksam, indem es die gleiche Wirkung ausübte wie eine hundertfach schwächere Chinolyläthylamin-Konzentration (vgl. Kurve VII).

Auch ein anderes, nebenbei untersuchtes Chinolinderivat, das Chinolylpropandiol, hatte eine starke vasoconstrictorische Wirkung (vgl. Kurve VI). Diese starke Wirksamkeit ist besonders im Vergleich mit der geringen des Chinaldylalkins erwähnenswert: Ein Blick auf die nebenstehenden Konstitutionsformeln (XI u. XII) zeigt, daß sich Diol

---

[1]) Fränkel, Arzneimittelsynthese, 3. Aufl., S. 303.

(XII) und Alkin (XI) hauptsächlich durch die Zahl der aliphatischen Hydroxylgruppen unterscheiden.

XI.

CH_2OH

CH_2

N

α-Chinolyl-Äthanol.

XII.

CH_2OH
CH_2OH

CH

N

α-Chinolyl-Propandiol.

Die Unwirksamkeit des Chinins, Chinolins, Chinaldins und Chinaldylalkins bestätigt die bei den Blutdruckversuchen erhaltenen negativen Resultate, während die starke gefäßverengernde Wirkung des Chinolyläthylamins auch die Blutdrucksteigerung erklärlich macht. Letztere wird aber jedenfalls noch verstärkt durch seine gleichzeitige erregende Wirkung auf den Herzmuskel, die in der Vergrößerung des Pulsvolums zum Ausdruck kommt.

IV. Wirkung auf die glatte Muskulatur der Eingeweideorgane.

Ausgehend von der Tatsache, daß Chinin auf glatte Muskulatur erregend wirkt, lag die Vermutung nahe, daß auch dem Chinolinkern und seinen Derivaten eine erregende Wirkung zukäme.

An der quergestreiften Muskulatur erzeugt Chinin eine vorübergehende Steigerung, dann Abnahme der absoluten Kraft und der Arbeitsleistung, und zwar gleichgültig, ob die Muskeln curaresiert sind oder nicht[1]. Der Angriffspunkt ist also die contractile Substanz selbst, nicht ihre nervösen Elemente. Von den Wirkungen des Chinins auf glatte Muskulatur ist die Verstärkung der Uterusbewegungen am bekanntesten, die zu seiner Empfehlung als Wehenmittel geführt hat[2][3][4][5][6]. Auch hier hat es einen peripheren Angriffspunkt, da die Wirkung auch am überlebenden Organ eintritt. Außerdem ist eine Verkleinerung des Milzvolumens unter Chininbehandlung beobachtet worden, die aber nicht sicher auf eine Erregung der glatten Muskulatur ihrer Kapsel zurückgeführt werden konnte[7]. Chinolin entfaltet an der quergestreiften Muskulatur curareartige Wirkung[8][9]. Seine Wirkung auf Organe mit glatter Muskulatur ist ebenso wie diejenige seiner nächsten Derivate unseres Wissens bis jetzt noch nicht untersucht. Die Wirkung des Chinolyläthylamins und der zum Vergleich herangezogenen beiden anderen nicht proteinogenen Amine war noch in einer anderen Beziehung interessant. Wie schon eingangs erwähnt, haben diese Verbindungen gewisse konstitutionelle Ähn-

[1] Poulsson, Lehrbuch der Pharm., 3. Aufl.
[2] Kurdinowski, Archiv f. Gynäkol. 78, 34. 1906.
[3] Kehrer, Archiv f. Gynäkol. 81. 1906.
[4] Conitzer, Archiv f. Gynäkol. 82. 1907.
[5] Becker, Deutsche med. Wochenschr. 1905, S. 407.
[6] Maurer, Deutsche med. Wochenschr. 1907, S. 173.
[7] Poulsson, Lehrbuch der Pharm., 3. Aufl.
[8] Meyer-Gottlieb, Lehrbuch der experimentellen Pharmakol., 3. Aufl.
[9] Moore und Prow, Journ. of Physiol. 1898, S. 22.

lichkeiten mit den physiologisch sehr wirksamen proteinogenen Aminen Tyramin, Adrenalin, Histamin und Indolyläthylamin. Auch abgesehen von der Gefäßwirkung entfalten alle diese Körper eine starke Wirksamkeit auf glatte Muskulatur, Adrenalin im Sinne einer Sympathicusreizung, die übrigens analog derjenigen des Ergotoxins, wie sie ja auch im Secale gefunden werden[1][2]. Für Chinolyläthylamin wurde bereits von Loewe eine bemerkenswerte Wirksamkeit an Organen mit glatter Muskulatur festgestellt, die ich weiter zu untersuchen die Aufgabe hatte.

Methodik.

Die Beobachtungen wurden an überlebenden Organen gemacht, nämlich am Kaninchendarm und am Meerschweinchenuterus. Da die Versuchsanordnung in beiden Fällen im wesentlichen die gleiche war, sei die gemeinsame Schilderung vorausgeschickt. Nach Tötung des Tieres durch Nackenstich wurde das zu untersuchende Darm- bzw. Uterusstück möglichst schnell und ohne jede Schädigung zwischen zwei Federklammern eingespannt, deren eine fixiert, deren andere durch einen verstellbaren Faden mit der Schreibvorrichtung verbunden war. So wurde das Organ in einem zylindrischen Gefäß mit Ringerscher Lösung suspendiert, der außerdem als Nährstoff Traubenzucker zugesetzt war, und die von einem ständigen Sauerstoffstrom durchperlt wurde. Zwecks Erwärmung auf etwa 39° wurde das erwähnte Gefäß in ein Wasserbad eingehängt, welches durch einen elektrischen Heizwiderstand[3] erwärmt wurde. In einigen Fällen kam eine andere, von Loewe angegebene Badeinrichtung zur Anwendung[4], die sich durch ihre Handlichkeit und Rührwirkung empfahl.

Im übrigen war das Vorgehen das bei überlebenden Organen übliche. Die zu untersuchenden Stoffe wurden mittels Pipette der Ringerlösung zugesetzt, und ihre Konzentration auf das Gesamtvolumen umgerechnet. Die Kurven sind von links nach rechts zu lesen; Aufstrich bedeutet Kontraktion; das Intervall der Zeitschreibung ist gleich einer Sekunde.

Versuchsergebnisse.

A. Darmversuche.

Am Darm sind zwei Funktionen[5] und ihre Veränderung unter der Wirkung der untersuchten Stoffe zu beobachten: 1. der durchschnittliche Kontraktionszustand (Tonus). 2. Die Amplitude der einzelnen Kontraktionsbewegungen. Zum Vergleich wurde das Adrenalin herangezogen, das entsprechend dem hemmenden Einfluß des Sympathicus am Darm eine Lähmung des Tonus und der Kontraktionen verursacht.

Wenn man die Resultate der Versuche (S. 59 ff.) zusammenstellt, so ergibt sich folgendes:

---

[1] Barger und Dale, Journ. of Physiol. 1909, S. 38; 1910, S. 40; 1910/11. S. 41.

[2] Ackermann, Zeitschr. f. physiol. Chemie **65**, 504. 1910.

[3] Coehn, Ber. d. D. Chem. Ges. **43**, 1910, S. 883.

[4] Beschreibung siehe Zeitschr. f. d. ges. experim. Med. **6**, 291. 1918.

[5] Die Möglichkeiten einer vertieften Analyse pharmakologischer Darmwirkungen, wie sie durch die Untersuchungen P. Trendelenburgs (Archiv f. experim. Path. u. Pharm. **81**, 55. 1917) eröffnet werden, konnten wir uns leider nicht mehr aneignen; sie gelangten erst nach Abschluß unserer Versuche zu unserer Kenntnis.

Chinin (Versuch 40 u. 50, S. 59 u. 62) entfaltet am Darm eine deutlich lähmende Wirkung auf den Tonus; die Kontraktionsamplitude wurde in einem Falle etwas verkleinert (Versuch 40), in einem anderen Falle deutlich vergrößert (Versuch 50).

Chinolin, Chinaldin und Chinaldylalkin (Versuch 41—43, S. 59 und Versuch 51—53, S. 63) haben in schwacher Konzentration (1 : 200 000) vielleicht eine leicht erregende Wirkung, insofern, als Chinolin und Chinaldylalkin in je einem Falle die Kontraktionsamplitude leicht vergrößerten (Versuch 41 u. 43), Chinaldin den Tonus etwas verstärkte (Versuch 42). Doch ist diese Änderung so unbedeutend und unsicher, daß ihr kein Gewicht beigemessen werden kann. In stärkeren Konzentrationen haben alle Chinolinkörper eine lähmende Wirkung auf beide Funktionen des Darmes, jedoch mit gewissen Unterschieden. Besonders im Versuch 41 setzt z. B. Chinolin nur den Tonus deutlich herab, ohne die Kontraktionen wesentlich zu verkleinern. Bei Chinaldylalkin dagegen überwiegt die lähmende Wirkung auf die Kontraktionen, während der Tonus weniger beeinflußt wird (Versuch 43). Chinaldin hat von den drei Stoffen die stärkste lähmende Wirkung auf beide Funktionen. Ob es sich hier allerdings um konstante Unterschiede handelt, ist fraglich, da sie nicht in allen Versuchen zu beobachten waren.

Eine erheblich stärker lähmende Wirkung entfaltet dagegen Chinolyläthylamin (Versuch 44—46, 54b, 58 u. 59, S. 60, 63, 64). Bereits in der Verdünnung von 1 : 2 000 000 (Versuch 44) ist eine Verkleinerung der Kontraktionsamplitude zu konstatieren. Bei 1 : 2—300 000 entspricht die lähmende Wirkung auf Tonus und Kontraktionen gewöhnlich derjenigen der zehnfach stärkeren Konzentrationen der übrigen Chinolinderivate. Bei 1 : 66 000 ist die Tonusverminderung ebenso stark wie unter der Wirkung einer dreißigfach schwächeren Adrenalinlösung, erfolgt aber langsamer und hält länger an. Die Kontraktionsamplitude wird dabei sehr stark verkleinert, sie sinkt mitunter fast auf Null (Versuch 46) und nimmt auch im Gegensatz zur Adrenalinwirkung spontan nicht wieder zu.

Piperidyläthylamin (Versuch 48 u. 56, S. 62 u. 64) entfaltet nur in starker Konzentration eine leicht lähmende Wirkung auf den Tonus, Naphthyläthylamin (Versuch 47 u. 55, S. 61 u. 64) eine ähnlich schwache hauptsächlich auf die Kontraktionen.

Salzsäure selbst in einer so hohen Konzentration, wie sie in keiner der untersuchten Lösungen vorhanden war, erwies sich als wirkungslos (Versuch 57, S. 64).

In einer letzten Versuchsreihe wurden noch einige Feststellungen über die antagonistischen Beziehungen des Chinolyläthylamins zu erregenden Stoffen gemacht. In Versuch 58 (S. 64) wurde die Aufhebung der Chinolyläthylaminwirkung durch Hypophysensubstanz geprüft:

Unter der Chinolyläthylaminwirkung erwies sich Hypophysenextrakt (Pituglandol) als wirkungslos. Versuch 59 (S. 124) zeigt zunächst die starke erregende Wirkung einer vorausgeschickten Pilocarpingabe. Eine darauffolgende Chinolyläthylamingabe führt zu rascher und weitgehender Erschlaffung. Wiederholung der Pilocarpindarreichung in der vorher wirksamen Konzentration konnte diese Tonussenkung nur ganz leicht, g-Strophanthin (Purostrophan)[1]) etwas stärker aufhalten. Da Pilocarpin die parasympathischen Nervenendigungen erregt, Strophanthin dagegen mehr oder weniger unmittelbar an den muskulären Elementen angreift[2]), würde der Ausfall des obigen Versuchs vielleicht in dem Sinne zu verwerten sein, daß auch Chinolyläthylamin nahe an den muskulären Elementen seinen Angriffspunkt findet. Immerhin verweist seine Wirkung auf Blutdruck und Gefäße doch noch auf einen erregenden Angriff an sympathischen Apparaten.

B. Uterusversuche.

Über die Beeinflussung des überlebenden Uterus durch pharmakologische Agenzien sind im letzten Jahrzehnt reichliche Erfahrungen gesammelt worden, die bei der Sammlung von Beobachtungen an diesem Versuchsobjekt Berücksichtigung erfordern.

Schon Kehrer[3]) hat auf die Fülle von Besonderheiten aufmerksam gemacht, die sich beim Arbeiten mit diesem Objekt geltend machen: Reaktionsverschiedenheit der Uteri verschiedener Tierarten, der verschiedenen Teile des gleichen Uterus, der gleichen Uterusart im graviden und nicht graviden Zustand. Insbesondere bei der Prüfung von proteinogenen Aminen (nicht proteinogene sind auf ihre Uteruswirkung bisher noch nicht untersucht worden) kann eine Vernachlässigung dieser Reaktionsdifferenzen leicht zu scheinbar widersprechenden Ergebnissen führen. Sorgfältige Wahl des Testobjektes ist daher für Untersuchungen, wie die vorliegenden, bei denen eine Substanz von an allen übrigen Organen glatter Muskulatur adrenalinartiger Wirksamkeit im Mittelpunkt stand, besonders erforderlich. Für das Adrenalin selbst bietet sich heute wohl der Meerschweinchenuterus nicht virginellen, d. h. mütterlichen oder graviden Funktionsalters als das geeignetste Reaktionssubstrat dar. Gerade hier sind die Angaben Kehrers, die von einer erregenden Adrenalinwirkung sprachen, nicht unwidersprochen geblieben. L. Adler[4]) hat aus einer reichen, an über 200 Meerschweinchenuteri gesammelten Erfahrung entgegen Kehrer eine lähmende Wirkung des Adrenalins erwiesen. Adlers Angaben sind später von Sugimoto[5]) an 60 Tieren, sowie auch von Niculescu[6]) uneingeschränkt bestätigt worden und können seitdem als grundlegend gelten. Wir können hier vorausschicken, daß auch wir nach unseren Erfahrungen am graviden Meerschweinuterus Adler vollauf beipflichten können.

[1]) Von der chem. Fabrik Güstrow in dankenswerter Weise zur Verfügung gestellt.

[2]) Magnus, Archiv f. d. ges. Physiol. 1905, S. 108.

[3]) Archiv f. Gynäkol. **81**, 160. 1907.

[4]) Berliner klin. Wochenschr. 1913, S. 969.

[5]) Archiv f. experim. Path. u. Pharmakol. **74**, 27. 1913.

[6]) Zeitschr. f. experim. Path. u. Ther. **15**, 1. 1914.

Die Richtung, welche unsere Erwartungen hinsichtlich der Uteruswirksamkeit unserer neuen Amine einzuschlagen hatten, war gleichfalls von Sugimoto vorgezeichnet. Eine Schlußfolgerung seiner Arbeit, die sich mit der Wirkung zahlreicher Stoffe am Meerschweinchenuterus befaßte, lautete dahin, daß sich der isolierte Meerschweinchenuterus diesen Stoffen gegenüber wie der isolierte Darm verhält[1]). In dieser Hinsicht können wir nach unseren Ergebnissen (siehe unten) Sugimoto nicht beipflichten. Über die übrigen, von uns geprüften Substanzen liegen mit Ausnahme des Chinins Angaben der Uteruswirkung nicht vor. Vom Chinin wurde schon erwähnt, daß Kurdinowski[2]) bei intravenöser und auch subcutaner Applikation eine deutlich erregende, namentlich tonussteigernde Wirkung fand. Kehrer konnte dies am überlebenden Uterus bestätigen, nur wurden bei stärkeren Konzentrationen die Bewegungen unregelmäßig und hörten schließlich ganz auf.

Versuchsergebnisse.

In unseren Versuchen war die erregende Wirkung des Chinins nur gering: Der Uterus verharrte länger als vorher im Zustande der maximalen Kontraktion (Versuch 60, S. 65). In stärkeren Konzentrationen zeigte sich eine deutliche Abnahme des Tonus (Versuch 61, S. 65). Die Chinolinwirkung zeigte eine gewisse Ähnlichkeit mit derjenigen des Chinins: in der Konzentration von 1 : 200 000 leichte Tonuserhöhung und Verharren im kontrahierten Zustande mit kleinen Pendelbewegungen, bei 1 : 50 000 dagegen deutliche Abnahme des Tonus (Versuch 62, S. 66).

Chinaldin und Chinaldylalkin hatten eine deutlich lähmende Wirkung auf den Tonus, Chinaldin auch auf die Pendelbewegungen, deren Amplitude verkleinert wurde (Versuch 63, S. 66), ihre Frequenz wurde durch Chinaldylalkin in einem Falle beschleunigt (Versuch 64, 72, 73, S. 66 u. 68).

Chinolyläthylamin fällt auch hier wieder aus dem Rahmen der übrigen Chinolinderivate heraus: in physiologischer Konzentration (1 : 100—200 000) wirkt es ausgesprochen erregend. Der Tonus wird ganz erheblich verstärkt, die Dauer der maximalen Kontraktion verlängert, die Erschlaffung unvollständig (Versuch 65 u. 74 S. 66 u. 68). Die Tonussteigerung ist dabei etwa gleich derjenigen, die Pituglandol in einer Verdünnung entsprechend 1 Teil Drüsensubstanz auf 10 000 hervorruft. Bei unphysiologisch hohen Dosen (1 : 20—50 000) kehrt sich die erregende Wirkung in das Gegenteil um: der Tonus nimmt deutlich ab, die Kontraktionsamplitude wird stark verkleinert (Versuch 66 u. 75, S. 67 u. 69). Am deutlichsten war die lähmende Wirkung gegen Ende einer Versuchsreihe, wenn der Uterus an und für sich nur noch schwach arbeitete, trotzdem aber der erregenden Wirkung des Pituglandols noch gut zugänglich war.

Naphthyl- und Piperidyläthylamin waren in schwacher Kon-

---

[1]) l. c. S. 39.
[2]) Archiv f. Gynäkol. 1906, S. 7834.

zentration (1 : 200 000) ohne deutliche Wirkung, in starker (1 : 50 000) verursachten beide eine mäßige Abnahme des Tonus (Versuch 67, 68 u. 77, S. 64 u. 66).

Chinolyläthylamin zeigt also auch am Uterus eine elektive Wirkung, die in physiologischen Dosen derjenigen des Adrenalins entgegengesetzt ist, während es die Darmmuskulatur in demselben Sinne wie Adrenalin beeinflußt. Diese Gegensätzlichkeit der Wirkungsweise des Chinolyläthylamins an Darm und Uterus stellt also, wie wir bereits oben (S. 17) andeuteten, einen Sonderfall gegenüber den von Sugimoto geprüften Stoffen dar. Die lähmende Wirkung hoher Dosen beruht wohl auf einer Schädigung der Muskelsubstanz selbst, wie sie auch Chinin verursacht. Die erregende Wirkung aber stützt weiter die Annahme eines besonderen nervösen Angriffspunktes. Sie ist in ihrem Gegensatz zu der Hemmungswirkung des Adrenalins besonders bemerkenswert bei einer Substanz, die man nach ihrer Wirkungsweise an anderen glatten Muskeln in engste Parallele mit dem Adrenalin zu setzen versucht sein könnte.

V. Wirkung der drei Amine bei subcutaner Injektion.

Um die pharmakologischen Wirkungen der drei nichtproteinogenen Amine am lebenden Tiere genauer zu studieren und einen Anhaltspunkt für ihre Giftigkeit zu gewinnen, wurden subcutane Injektionen bei Fröschen und Mäusen vorgenommen. Die Versuchsprotokolle der Versuche 78—86 (S. 70 ff.) zeigen die dabei beobachteten Erscheinungen.

Bei den Fröschen verursachten alle drei Amine eine motorische Schwäche und Abschwächung der Reflexe. Die Herztätigkeit war von allen Lebenserscheinungen am längsten vorhanden.

Die Warmblüterversuche gestatten zunächst eine annähernde Bestimmung der letalen Dosis.

Naphthyläthylamin war in der Gabe von 0,66 mg pro Gramm Körpergewicht bereits tödlich, Piperidyläthylamin bei 0,43 mg. Für Chinolyläthylamin ist die letale Dosis größer als 0,62 mg pro Gramm Körpergewicht.

Piperidyläthylamin ist also das giftigste der drei Amine; der Grund dafür ist wohl in der Hydrierung des Pyridinringes und der dadurch entstandenen Imidogruppe zu suchen, da nach O. Loew[1]) bereits das Piperidin wesentlich giftiger ist als das relativ unschädliche Pyridin. Bei den Mäusen war ferner regelmäßig anfänglich eine Beschleunigung der Atmung, große Lebhaftigkeit und Steigerung aller Reflexe zu beobachten. Dann machte sich eine immer stärker werdende motorische Schwäche geltend, die gewöhnlich in den hinteren Extremitäten begann und wohl

---

[1]) Fränkel, Arzneimittelsynthese, 3. Aufl., S. 40.

auch die Hauptursache der Reflexabschwächung war. Für sensorische Reize waren die mit Piperidyl- und Chinolyläthylamin vergifteten Tiere noch in späten Stadien überempfindlich, wobei die motorische Reaktion allerdings ebenfalls nur schwach ausfiel. Naphthyl- und Piperidyläthylamin verursachten einige Male neuromuskuläre Reizzustände: Zittern, Spasmen und tonisch-klonische Zuckungen gegen Ende. In allen Fällen wurde die Atmung nach anfänglicher Beschleunigung später auffallend verlangsamt und Atemstillstand war Todesursache.

VI. Beeinflussung der Hefegärung.

Chinin ist bekanntlich ein universelles Protoplasmagift und hemmt als solches alle Lebensvorgänge, sowohl die anabolischen, als die katabolischen. Einige Autoren behaupten, daß es in schwacher Konzentration eine vorübergehende Steigerung der Aktivität des Protoplasmas verursache, die aber von anderen als Hemmung anabolischer Prozesse gedeutet wird. Als Ursache nahm man eine hemmende Wirkung auf die cellulären Enzyme an [1]).

Zahlreiche Untersuchungen beschäftigten sich deshalb mit seiner Wirkung auf niederste Organismen und alle Arten biochemischer, besonders fermentativer Vorgänge. Einige Resultate seien kurz erwähnt.

Die Oxydation der Guajactinktur durch Hämoglobin wird durch Chinin 1 : 20 000 gehemmt[1]).

Die Hippursäuresynthese in der ausgeschnittenen überlebenden Niere wird ebenfalls durch Chinin verhindert[1]). Die Leukocytenauswanderung und Eiterbildung wird durch Chinin gehemmt [Binz[1])]. Buchheim und Engel[2]) sowie Liebig[3]) fanden, daß durch 0,2 proz. Chinin die Vergärung des Traubenzuckers durch Hefe noch nicht völlig unterdrückt wird. Nach Binz[4]) wird die Buttersäuregärung durch Chininzusatz im Verhältnis 1 : 360 nahezu vollständig gehemmt. Buchholtz[5]) findet die Menge von salzsaurem Chinin, welche in seiner Nährflüssigkeit die Bakterienentwicklung verhinderte, zu 0,3—0,5%.

Koch[6]) stellte fest, daß durch Chinin in einer Konzentration von 1 : 830 das Wachstum der Milzbrandbacillen merklich behindert, bei 1 : 625 völlig aufgehoben wird.

In Anbetracht der starken Wirkung des Chinins auf Protozoen (vgl. Abschnitt Protozoen) ist diejenige auf Bakterien und Gärungserreger also relativ gering und steht hinter derjenigen vieler anderer Substanzen weit zurück[7]). Für gewisse Arten

---

[1]) Meyer - Gottlieb, Experimentelle Pharm., 3. Aufl., S. 387, und Poulsson, Lehrbuch der Pharm., 3. Aufl., S. 191.

[2]) Beiträge zur Arzneimittellehre 1849, S. 89.

[3]) Über die Gärung und die Quelle der Muskelkraft. Annalen der Chemie **153**, S. 152.

[4]) Experimentelle Untersuchungen über das Wesen der Chininwirkung 1868, S. 17.

[5]) Archiv f. experim. Path. und Pharmakol. **4**, 53. 1875.

[6]) Mitteilungen aus dem Reichsgesundheitsamt I.

[7]) Tappeiner, Archiv f. klin. Med. 1896, S. 56, 378.

von Schimmelpilzen ist es sogar vollständig unschädlich[1]). Auch Chinolin wurde in dieser Richtung untersucht, und zwar von Donath[2]). Es erwies sich dabei als gutes Antisepticum: Die Bakterienentwicklung in Buchholtzscher Nährflüssigkeit wurde durch Chinolin 1 : 500 vollständig verhindert, ebenso die Harnsäuregärung, die Milchsäuregärung auf $1/_6$—$1/_8$ vermindert. Außerdem fand er, daß durch eine 0,4 proz. Chinolinlösung die Gerinnung der Milch stark verzögert, durch eine 1 proz. Lösung diejenige des Blutes aufgehoben wird.

Dagegen soll die alkoholische Traubenzuckergärung durch Chinolin selbst in 5 proz. Lösung nicht gehemmt werden.

Diese Schlußfolgerung ist nach den vorliegenden Untersuchungsprotokollen nicht ganz verständlich. Donath versetzte eine Mischung von 2,5 g Traubenzucker, 2,5 g Preßhefe und 50 ccm Wasser mit 1,0 g Chinolin bzw. 0,2 g Chinin (1 : 50 bzw. 1 : 250) und bestimmte nach 5 Tagen die noch vorhandene Zuckermenge, wobei das

Chinolingemisch . . .	0,3 g
Chiningemisch	0,25 g
Kontrollgemisch . . .	0,07 „

Traubenzucker enthielt.

Bei einem zweiten Versuch (5 g Traubenzucker, 5 g Hefe, 100 ccm Wasser. 5 g Chinolin bzw. 2 g Chinin) war das Resultat nach drei Tagen allerdings:

Chinolingemisch . . .	0,26 g
Chiningemisch	0,71 „
Kontrollgemisch . . .	0,5 „

Traubenzucker.

Nach dem ersten Versuch hätte Chinolin eine stärkere hemmende Wirkung als Chinin entfaltet, nach dem zweiten die Gärung dagegen beschleunigt.

Von sonstigen Chinolinderivaten wurde noch γ-Phenylchinaldin von Tappeiner[3]) untersucht und festgestellt, daß es die Hefegärung bei 1 : 10 000 beschleunigte, bei 1 : 1000 noch nicht völlig verhinderte.

Methodik.

Bei unserer Untersuchung wurden zunächst gewöhnliche Gärungsröhrchen verwandt, wie sie für klinische Zwecke gebraucht werden, als zu ungenau aber wieder verlassen. Die für die manometrische Bestimmung erforderlichen Mikrorespirationsapparate konnten wir uns der Kriegsverhältnisse halber leider nicht zugänglich machen. Wir kehrten deshalb zur volumetrischen Bestimmung der Kohlensäure zurück.

Statt der in ihrer Wirkungsstärke erheblich schwankenden Preßhefe wurde in späteren Versuchen ein Trockenhefepräparat [„Biozyme"[4])] verwandt.

Eine Aufschwemmung der feingepulverten Trockenhefe in Ringerlösung wurde in dickwandigen Reagensröhrchen 2 bzw. 3 Stunden der Einwirkung der zu untersuchenden Stoffe ausgesetzt, und dann die Traubenzuckerlösung hinzugefügt. Darauf wurden die Röhrchen mit durchbohrtem Kork (Dichteprüfung regelmäßig vorausgeschickt) fest verschlossen und die sich entwickelnde Kohlensäure in umgestülpten graduierten Meßzylindern über angesäuertem Wasser aufgefangen. Da sich das hohe Absorptionsvermögen auch stark angesäuerten Wassers störend

---

[1]) Poulsson, Lehrbuch der Pharmakol., 3. Aufl., S. 192.
[2]) Berichte der deutschen chemischen Gesellschaft **14**, 178 und 1769. 1881.
[3]) Archiv f. klin. Med. 1896, S. 56, 379.
[4]) Von der Firma Vial & Uhlmann freundlichst überlassen.

bemerkbar machte, wie z. B. die zuletzt absteigende Richtung der Kurven in Versuch 87 zeigt, wurde die Kohlensäure später (Versuch 88) über Öl aufgefangen.

Wir begnügten uns nicht mit einer Bestimmung des Schlußergebnisses der Gärungsversuche, sondern verschafften uns gleichzeitig ein Bild von der Beeinflussung des Reaktionsablaufs, d. h. der Gärungsgeschwindigkeit. Dementsprechend findet sich in unseren Kurven (S. 72ff.) das Volum der entstandenen Kohlensäure als Ordinate auf einer Zeitabszisse dargestellt.

Versuchsergebnisse.

In Versuch 87 wurden 0,5 g Trockenhefe, 3 ccm Ringerlösung und 1 ccm 2 proz. Giftlösung vermischt und nach zweistündiger Vorbehandlung 5 ccm 1 proz. Traubenzuckerlösung zugesetzt. Die Giftkonzentration betrug also während der Vorbehandlung 1 : 200, während der Gärung 1 : 450.

Die Kohlensäure wurde in diesem Versuch über angesäuertem Wasser aufgefangen. Deshalb sehen wir von der Wiedergabe der Kurven dieses Versuchs ab, welche in einer Rückkehr zur Abszissenachse die starke Rückabsorption der gebildeten Kohlensäure zum Ausdruck bringen.

Trotz dieser Fehlerquelle dürfte das gegenseitige Verhältnis der Wirkungsstärke der einzelnen Stoffe doch in den Kurven zum Ausdruck kommen. Nur ist es hier besonders schwer zu entscheiden, welcher Teil der gesamten Zeitkurve zum Vergleich der Wirksamkeit der einzelnen Stoffe herangezogen werden soll. Da die Rückabsorption bei der Kontrollkurve am stärksten zum Ausdruck kam, wählen wir den Zeitpunkt, in welchem diese ihr Maximum erreichte. Das wäre die Zeit, um welche die Reaktionsgeschwindigkeit der Kohlensäurebildung ihr Optimum besitzt. Vergleichen wir hier die Kohlensäurevolumina der Versuchsröhrchen untereinander, so ergäbe sich, nach steigender Hemmungswirkung angeordnet die Reihenfolge:

Chinaldylalkin < Chinaldin < Chinolyläthylamin < Chinin < Chinolin.

Allerdings hat auch die Salzsäure in einer Konzentration von 0,1 (Vorbehandlung) bzw. 0,044% (Vergärungsperiode) eine starke hemmende Wirkung. Daß sie aber in solchen Konzentrationen bei weitem nicht in den Versuchslösungen vorhanden war, geht am deutlichsten auch daraus hervor, daß das am stärksten sauer reagierende Chinaldylalkin die geringste hemmende Wirkung ausübt.

Versuch 88 (S. 73) zeigt dieselben Kurven bei dreistündiger Vorbehandlung und Benutzung 2 proz. Traubenzuckerlösung. Wegen Fortfalls der Absorption bleiben die Kurven am Ende der Gärung auf konstanter Höhe. Die Reihenfolge ist, wie oben geordnet:

Chinaldylalkin < Chinaldin < Chinin < Chinolyläthylamin < Chinolin.

Der einzige Unterschied gegenüber dem ersten Versuch besteht in dem Stellungsaustausch zwischen Chinin und Chinolyläthylamin. Auch in Versuch 3 (siehe unten) ergibt der Vergleich zwischen Chinin und Chinolyläthylamin die gleiche Reihenfolge, wie in Versuch 2, nur liegen die für beide gefundenen Volumina produzierter Kohlensäure näher beisammen. Bei der guten Übereinstimmung der in beiden Versuchen angestellten Parallelbestimmungen darf man somit ihrem Ergebnis größere Beweiskraft beimessen, als dem Ausfall des Versuchs 1. In erster Annäherung kann man jedenfalls die Chinin- und die Chinolyläthylaminwirkung als gleich bezeichnen.

Chinolin hat in beiden Fällen die stärkste Wirkung entfaltet, die also auch diejenige des Chinins übertrifft. Chinaldin ist relativ wenig wirksam, Chinaldylalkin am schwächsten. Soweit es angängig ist, diese Unterschiede auf den chemischen Aufbau der Stoffe zurückzuführen, ergibt sich also, daß die Einführung der Methylgruppe die Wirkung abschwächt, noch mehr diejenige der Oxäthylgruppe, während sie wiederum durch Hinzutritt der Aminogruppe deutlich verstärkt wird.

Die Angabe Fränkels [1]), daß der Eintritt von Methylgruppen, wie von Alkylen überhaupt in das Molekül des Chinolins seine antiseptische Kraft erhöhe, läßt sich also auf die fermentlähmende Wirkung der Chinolinkörper nicht übertragen. Versuch 89, Blatt 3, stellt den Vergleich der Wirkung der drei nicht proteinogenen Amine an. Er ergibt nach steigender Wirkung geordnet, die Reihe:

Naphthyläthylamin < Piperidyläthylamin < Chinin < Chinolyläthylamin.

VII. Wirkung auf Protozoen.

Als letzter Teil der Untersuchungen über die Wirkung der Chinolinderivate sowie der zum Vergleich mit dem Chinolyläthylamin herangezogenen zwei weiteren nicht proteinogenen Amine wurden Versuche über ihre Wirkung auf Infusorien angestellt.

Da das Chinolin einen Bestandteil des Chininmoleküls darstellt, und das Chinin bekanntlich eine hervorragende abtötende Wirkung nicht nur auf freilebende Protozoen, sondern auch auf die zur Gruppe der Sporozoen gehörigen Malariaerreger besitzt, liegen über diesen Gegenstand bereits eine Reihe von Untersuchungen vor.

Die erste Beobachtung über die Protozoenwirkung des Chinins machte Binz [2]) im Jahre 1867, indem er feststellte, daß das Paramaecium colpoda durch Chinin bereits in der Konzentration von 1 : 1000 in 3—4 Minuten abgetötet wurde. Das meiste Interesse für unsere Untersuchungen beanspruchen die Arbeiten von Tappeiner [3]) und Grethe [4]). Letzterer suchte die interessante Fragestellung zu beant-

---

[1]) Arzneimittelsynthese, 3. Aufl., S. 574.

[2]) Binz, Über die Wirkungen antiseptischer Stoffe auf die Infusorien der Pflanzenjauche. Zentralbl. f. d. med. Wiss. 1867, S. 308.

[3]) Tappeiner, Über die Wirkungen der Phenylchinoline und Phosphine auf niedere Organismen. Archiv f. klin. Med. **56**, 369.

[4]) Grethe, Über die Wirkung versch. Chininderivate auf Infusorien. Archiv f. klin. Med. **56**, 189.

worten, von welchem Teil des komplizierten Chininmoleküls die Protozoenwirkung
ausgeht. Er untersuchte die Spaltungsprodukte des damals in seiner Konstitution
noch nicht ganz erforschten Chinins und stellte fest, daß die Protozoenwirkung
wesentlich an den Chinolinkern gebunden war. Der übrige, damals noch unbe-
kannte Rest des Moleküls, Merochinen (Loiponanteil), erwies sich losgelöst vom
Molekül als wirkungslos. Da dieser Teil des Chininmoleküls als ein Pyridinderivat
angesehen wurde, stimmte damit die Feststellung gut überein, daß auch das Pyridin
selbst keine Wirkung auf Protozoen ausübte. Dagegen verstärkte das Merochinen
die Wirkung des Chinolins erheblich. Des weiteren untersuchten die genannten
Forscher Methylderivate des Chinolins, nämlich α-Methylchinolin (= Chinaldin),
γ-Methylchinolin (= Lepidin) und p-Methoxy-Lepidin (XIII):

XIII.

$$\begin{array}{ccc} & H & CH_3 \\ & C & C \\ CH_3 \cdot O \cdot C & C & CH \\ HC & C & CH \\ & C & N \\ & H & \end{array}$$

und fanden, daß Lepidin etwa die gleiche, Chinaldin eine schwächere und p-Methoxy-
Lepidin eine etwas stärkere Wirkung als Chinolin entfaltete, die aber noch weit
hinter der Wirkung des Chinins zurückblieb. Wurde der Pyridinkern im Methoxy-
Chinolin hydriert, wodurch das Antipyreticum Thallin (XIV) entstand, so
wurde die

XIV.

$$\begin{array}{ccc} & H & H_2 \\ & C & C \\ CH_3 \cdot O \cdot C & C & CH_2 \\ HC & C & CH_2 \\ & C & N \\ & H & H \end{array}$$

Wirkung abgeschwächt. Wesentlich wirksamer, ja sogar noch stärker wirksam als
Chinin selbst, erwiesen sich die Phenylchinoline (z. B. γ-Phenylchinolin), noch
stärker nach Einführung einer Methyl- (Phenylchinaldine) und einer Methoxyl-
gruppe (Methoxyphenylchinaldine).

Auch bei den Phenylchinolinen zeigte sich die Abschwächung der Protozoenwirkung durch Hydrierung des Pyridinringes, wie der Vergleich von γ-Phenyl-
chinolin und γ-Phenyltetrahydrochinolin bewies. Ersteres tötete in einer Konzentration von 1 : 1000 die Paramäcien in einer Minute, während letzteres drei
Minuten dazu brauchte. Ebenfalls abschwächend wirkte die Einführung der
Amidogruppe (p-Amido-γ-Phenylchinaldin). Phenylchinaldin brauchte zur Abtötung in einer Konzentration von 1 : 10 000 3—4 Minuten, p-Amido-γ-Phenyl-
chinaldin dagegen 8 Minuten.

Die von Grethe gefundenen Abtötungszeiten für Paramaecium caudatum
waren folgende:

	1 : 1000	1 : 10 000
Chinin	3—4 Minuten	2 Stunden
Merochinen	Nach 3 Stunden keine Wirkung	—
Chinolin (Tartrat)	$\frac{1}{2}$ Stunde	—
Chinaldin	2 Stunden	—
Lepidin	25 Minuten	—
γ-Phenylchinolin	1 Minute	3—4 Min.
γ-Phenylchinaldin	Sofort	3—4 Min.
γ-Phenyl-p-Methoxychinaldin	Sofort	4 Minuten
Tetrahydro-γ-Phenylchinolin	3 Minuten	15 Minuten
p-Amido-γ-Phenylchinaldin	Sofort	8 Minuten

Später fand Tappeiner, daß Körper, die noch mehr Benzolringe enthielten, eine noch stärkere Wirkung auf die Infusorien ausübten. Er untersuchte Derivate des Phosphins (XV):

$$XV.$$

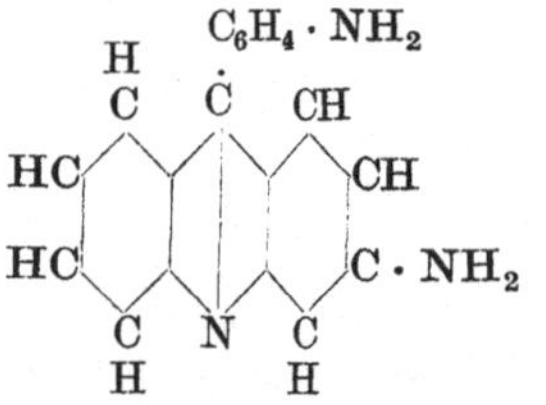

$$
\begin{array}{c}
C_6H_4 \cdot NH_2 \\
HC \diagdown \; \overset{H}{C} \quad \overset{\cdot}{C} \; CH \diagdown \; CH \\
HC \diagup \quad \quad \quad \diagup C \cdot NH_2 \\
\overset{C}{H} \quad N \quad \overset{C}{H}
\end{array}
$$

und stellte fest, daß sie Paramäcien in einer Verdünnung von 1 : 10 000 in einer Minute, von 1 : 200 000 in ein bis zwei Stunden töteten.

Auf seine Veranlassung wurden diese Körper, nämlich Dimethylphosphin, sowie das oben erwähnte Phenylchinaldin, dann auch bei Malaria therapeutisch versucht[1]), wobei es sich aber herausstellte, daß sie nur schwach wirksam waren. Wohl konnten die Fieberanfälle vorübergehend unterdrückt werden, und die Blutuntersuchung ergab ein Trägerwerden der Plasmodienbewegung und Ausbleiben der Sporulation; aber nach Aussetzen der Behandlung kamen die Fieberanfälle bald wieder.

Auch bei anderen Protozoeninfektionen sind Chinin und verwandte Körper in bezug auf ihre therapeutische Verwendbarkeit untersucht worden. Während früher die Anschauung bestand, daß die Trypanosomen, die zur Klasse der Flagellaten gehören, sowohl im Organismus, als auch in vitro durch Chinin nur wenig geschädigt würden, führten die Untersuchungen von Morgenroth und Halberstaedter[2]) zu anderen Ergebnissen. Eine manifeste Infektion konnte allerdings nicht beeinflußt werden, dagegen gelang es, durch prophylaktische länger dauernde interne Chinindarreichung die bei Mäusen künstlich gesetzte Infektion mit Trypanosoma Brucei im Keime zu ersticken. In vitro beobachteten diese Untersucher, daß die Trypanosomen bewegungslos wurden und auch Formveränderungen zeigten, ähnlich denen, wie sie Plasmodium malariae unter der Einwirkung des Chinins erleidet[3]). Es handelt sich in beiden Fällen um Quellungsvorgänge, die den Proto-

---

[1]) Mannaberg, Archiv f. klin. Med. **59**, 185.

[2]) Über die Beeinflussung der experimentellen Trypanosomeninfektion durch Chinin. Sitzungsber. der Kgl. Preuß. Akad. d. Wiss. Berlin 1910, S. 732; 1911, S. 30.

[3]) Binz, Berliner klin. Wochenschr. 1891, Nr. 43.

zoenkörper in eigenartiger Weise verändern. Die Trypanosomen nahmen eine Gestalt an, die obige Forscher als Rochenform bezeichneten. Plasmodium malariae verändert sich bekanntlich in der Weise, daß es Kugelform annimmt und schließlich platzt. Über die Formveränderung des Paramaecium caudatum unter der Einwirkung der Chinolinderivate schreibt Tappeiner: „Die Zelle verliert ihre schlanke Form, wird flaschenförmig aufgetrieben und beginnt schließlich unter Austritt eines Teiles ihres Inhalts zu körnigem Detritus zu zerfallen."

Es sei hier gleich im Hinblick auf unsere Untersuchungen bemerkt, daß das Aufhören der Bewegung, das in den Tabellen von Tappeiner und Grethe als Augenblick des Todes vermerkt wird, nicht unbedingt den Zelltod bedeutet. Den besten Beweis dafür liefern die erwähnten Versuche von Morgenroth und Halberstädter: sie setzten Trypanosomen in vitro der Einwirkung des Chinins aus und injizierten nach verschieden langer Einwirkungszeit die unbeweglich gewordenen, aber in ihrer Form unveränderten Trypanosomen den Versuchsmäusen, wonach sich, wenn auch verspätet, eine tödliche Infektion entwickelte. Waren die Trypanosomen aber bereits bis zur Formveränderung geschädigt, so traten keine mehr im Blute auf, und die Tiere blieben am Leben.

Methodik.

Als Versuchsobjekte dienten Infusorien, die in einem gewöhnlichen Heuinfus nach einigen Tagen zur Entwicklung kamen. Es fanden sich darin in reicher Ausbeute eine konstante Art von mittelgroßen Paramäcien, außerdem eine als Kolpidien angesprochene Art von kleinen holotrichen Ciliaten, in geringerer Anzahl eine gestielte, festsitzende peritriche Ciliatenart von der Gattung Vorticella und schließlich eine Unzahl von Flagellaten. Bereits hier sei vorausgeschickt, daß offenbar große Unterschiede in der Empfindlichkeit verschiedener Infusorienarten gegenüber den Giftlösungen bestehen: So konnte in einem Versuch mit 0,1 proz. Chinolyläthylamin beobachtet werden, daß die Paramäcien nach 25 Minuten, die übrigen Infusorien etwas später abgestorben waren, während zwei Exemplare von der gestielten Art noch 5 Stunden am Leben waren, und mit ihrem Wimperkranz die toten Infusorien in strudelnde Bewegung versetzten. Die untersuchte Paramäcienart zeigte aber eine gute Übereinstimmung in bezug auf ihre Empfindlichkeit mit der von Binz und Grethe untersuchten Art, da z. B. für Chinin 1 : 1000 die von diesen Untersuchern gefundene Abtötungszeit (3—4 Minuten bis zur Bewegungslosigkeit) bestätigt werden konnte. Die kleinen Ciliaten erwiesen sich gewöhnlich als resistenter, während die Flagellaten manchmal schon vor den Paramäcien bewegungslos wurden.

Die Versuchsanordnung war folgende: Schwächer wirksame Konzentrationen wurden im hängenden Tropfen unter luftdichtem Ölabschluß untersucht, um die Verdunstung zu verhindern. Mit einer Platinöse wurde ein Tropfen der die meisten Paramäcien enthaltenden oberflächlichen Schicht des Heuinfuses auf das Deckglas gebracht, die Platinöse durch Abspülen, Ausglühen, nochmaliges Abspülen und Abtrocknen gereinigt, dann mit der gleichen Platinöse ein gleichgroßer Tropfen der zu untersuchenden Lösung neben den ersten Tropfen gesetzt, und darauf beide Tropfen mit einem feinen Glasstab miteinander vermischt. Dann wurde das umgekehrte Deckglas auf einen Objektträger mit Hohlschliff, der vorher mit Öl umstrichen wurde, aufgesetzt. So hielten sich die Infusorien tagelang in lebhafter Bewegung am Leben; Sauerstoffmangel konnte, wie Kontrollversuche ergaben, nicht störend ins Gewicht fallen. Stärker wirksame Konzentrationen, die vor Eintreten der Verdunstung zur Abtötung führten, wurden dagegen, um größere Tropfen zu erzielen, folgendermaßen untersucht: Mit einer fein ausgezogenen Pipette wurde zunächst ein Tropfen des Heuinfuses auf ein Uhrglas gebracht, die Pipette mit Wasser, dann mit der zu untersuchenden Lösung durchgespült, aus ihr ein gleichgroßer Tropfen der Lösung dem Infustropfen hinzugefügt und durch Umrühren mit dem Glasstab mit ihm vermischt.

Die zur Untersuchung gekommenen Lösungen waren 0,05—2 proz., ihre Konzentration nach dem Vermischen mit dem Infustropfen natürlich halb so stark. Die sich ergebenden Wirkungen finden sich im Anhang (S. 74 ff.) sowie in der zusammenfassenden Tabelle auf S. 28.

Versuchsergebnisse.

Bezüglich der Vorgänge, die bei der Einwirkung der Gifte auf die Infusorien beobachtet wurden, sei folgendes erwähnt: Wurden die Substanzen in stark wirksamer Konzentration angewandt, so blieben die Paramäcien sofort bewegungslos liegen; sie veränderten ihre Form zunächst nicht wesentlich, quollen nur etwas auf und zeigten bald eine grobe, dunkele Granulierung des Protoplasmas. In diesen Fällen war der Tod offenbar sofort eingetreten. Erst sehr viel später trat bei einzelnen Exemplaren eine Schrumpfung ein, so daß sich ihre Form der Kugelgestalt näherte. Dieser Vorgang wurde aber, da er erst lange Zeit nach der Bewegungslosigkeit eintrat, als ein rein physikalischer angesehen.

Anders waren die Vorgänge bei schwächeren Konzentrationen: Die erste auffallende Erscheinung war die, daß die Paramäcien ihre im wesentlichen geradlinige Fortbewegung aufgaben, zunächst schnell, später immer langsamer in Kreisen herumschwammen, unter gleichzeitiger weitspiraliger Rotation ihres Körpers. Dieser Vorgang ist augenscheinlich als eine Art Fluchtreaktion zu deuten, indem die Tiere bestrebt sind, durch Einschlagen aller möglichen Richtungen der starken Giftkonzentration zu entfliehen. Diese Erklärung gibt auch Jennings[1]) für ähnliche Bewegungen, die Paramaecium caudatum unter dem Einfluß reizender Stoffe ausführt. Bestätigt wurde diese Auffassung durch folgende Beobachtung: Wurde der zugesetzte Gifttropfen nicht durch gründliches Umrühren mit dem Tropfen des Heuinfuses vermischt, so kam die gleichmäßige Diffusion offenbar nur langsam und unvollständig zustande, die Infusorien vermochten mit Hilfe der erwähnten Fluchtreaktion bald die Stellen der geringsten Konzentration aufzusuchen, sich hier in dichten Massen anzusammeln und der Gifteinwirkung lange zu widerstehen. Diesem Stadium der kreisförmigen Bewegung folgte dann eine immer stärker werdende Trägheit, bis die Tierchen schließlich nahezu bewegungslos liegen blieben. Gleichzeitig konnten in diesem

---

[1]) Jennings, Die niederen Organismen S. 39.

Stadium noch folgende Vorgänge beobachtet werden: In einer Anzahl der Versuche fiel ein starkes Größerwerden der contractilen Vakuolen, der Exkretionsorgane der Infusorien auf. Sie entleerten sich augenscheinlich seltener und schließlich überhaupt nicht mehr. Hierfür kämen als Gründe wohl in Betracht entweder eine Lähmung der contractilen Substanz, die auch das Aufhören der Wimperbewegung verursacht, oder das Bestreben einer verstärkten Ausscheidung der eingedrungenen Gifte in Verbindung mit einer Lähmung, oder aber schließlich rein physikalisch-osmotische Vorgänge. In einzelnen Fällen konnte mit starker Vergrößerung noch festgestellt werden, daß gewöhnlich an einem Ende des Zelleibes lange Büschel von dünnen Fäden hingen. Es handelte sich um zur Entladung gekommene Trichocysten, der mutmaßlichen Verteidigungsmasse der Paramäcien [1]). In demselben Stadium der Vergiftung oder etwas später traten dann meist am vorderen Körperende eine oder mehrere blasenförmige Ausstülpungen des ungranulierten Ektoplasmas hervor, die immer größer wurden, sich auch mit granuliertem Protoplasma erfüllten, bis schließlich die Gestalt der Paramäcien flaschenförmig oder unregelmäßig klumpig wurde. Zuletzt nahmen sie eine oft schön gleichmäßige Kugelform an, an der die Zellhaut noch gut zu erkennen war, und noch eine Zeitlang später platzte diese, und das körnig gewordene Protoplasma entleerte sich nach außen. Da während des Auftretens der blasigen Ausstülpungen oft noch eine schwache Bewegung vorhanden war, ist der Vorgang als ein intravitaler anzusehen, und das Annehmen der Kugelform wohl der Encystierung bei eintretender Eintrocknung in Parallele zu setzen, nur mit dem Unterschied, daß in unserem Falle die Reversibilität fehlt. Aus diesem Grunde und weil das Stadium der Kugelform meist sehr gleichmäßig erreicht wurde, wurde dieser Augenblick als Zelltod markiert. Auffälligerweise konnte der Vorgang regelmäßig nur bei der Einwirkung des Chinins, des Naphthyl- und des Chinolyläthylamins beobachtet werden, während er bei Chinolin, Chinaldin und Chinaldylalkin ungleich seltener eintrat. Bei diesen Substanzen wurde deshalb das Aufhören jeder Bewegung als Beweis des Zelltodes angesehen. Dies konnte um so eher erlaubt erscheinen, als, wie unsere Tabellen zeigen, die Wirkung der drei einsäurigen Chinolinkörper gar keinen Vergleich mit derjenigen des Chinins und der zwei Amine aushält, es vielmehr im wesentlichen darauf ankam, innerhalb jeder der beiden Gruppen gut vergleichsfähige Daten zu erhalten.

Zur Übersicht über die Ergebnisse der Versuche (Versuch 90—94, S. 74ff.) seien die tödlichen Konzentrationen zunächst in der folgenden Tabelle zusammengestellt:

---

[1]) Jennings, l. c.

<pre>
    Paramäcien werden in 3—5 Min. abgetötet
        durch: in der Konzentration von:
Chinin . . . . . .   1 : 2000
Naphthyläthylamin .   1 : 1000
Chinoläthylamin . . .   1 : 666
Chinolin . . . . . .   1 : 200
Chinaldylalkin . . .   1 : 100
Chinaldin . . . . . .   mehr als 1 : 100
Piperidyläthylamin .   „   „ 1 : 100
</pre>

Wie die Tabelle zeigt, zerfallen die untersuchten Körper bezüglich ihrer Protozoenwirkung zwanglos in zwei Gruppen:

1. Die schwach wirksamen Chinolinderivate mit Ausnahme des Chinolyläthylamins und einschließlich des Piperidyläthylamins.

2. Die stark wirksamen Körper Chinolyläthylamin, Naphthyläthylamin und Chinin.

Keine der Substanzen erreicht die Wirksamkeit des Chinins, obwohl das Naphthyläthylamin ihm sehr nahe kommt. Naphthyläthylamin wirkt etwa halb so stark, Chinolyläthylamin etwa ein Drittel so stark wie Chinin; Chinolin hat nur ein Zehntel der Wirksamkeit des Chinins, Chinaldylalkin ein Zwanzigstel. Für Chinaldin und Piperidyläthylamin wurden mangels stärkerer Lösungen genaue Vergleichszahlen nicht ermittelt. Ihre Wirksamkeit beträgt aber weniger als ein Zwanzigstel von derjenigen des Chinins. Von den drei Chinolinkörpern ist also Chinolin selbst am stärksten, Chinaldin am schwächsten wirksam, Chinaldylalkin steht in der Mitte. Das Piperidyläthylamin nimmt insofern eine Ausnahmestellung ein, als es in schwächeren Konzentrationen größere Wirksamkeit als Chinolin entfaltet, in höheren Konzentrationen hinter diesem zurückbleibt. Bei allen übrigen Körpern nahm die Wirksamkeit gleichmäßig mit der Konzentration zu.

Soweit es zur Veranschaulichung erlaubt ist, die Wirkung der Stoffe auf ihre chemische Konstitution zurückzuführen, ergibt sich also aus den Versuchen folgendes:

Die Wirkung des Chinolins wird durch die Einführung der Methylgruppe abgeschwächt, die Wirksamkeit des Chinaldins wiederum durch das Hinzutreten der CH_2OH-Gruppe verstärkt, ohne daß aber diejenige des Chinolins wieder erreicht wird. Dabei spielt die Hauptrolle jedenfalls die hinzugekommene Hydroxylgruppe und nicht die Verlängerung der Seitenkette durch ein neues Kohlenstoffatom.

Ganz auffallend verstärkt wird aber die Wirksamkeit des Chinaldylalkins, wenn an Stelle der OH-Gruppe die NH_2-Gruppe tritt (0,1proz. Chinolyläthylamin tötet Paramäcien in 25 Minuten, während Chinaldylalkin mehr als 30 Stunden dazu braucht). Hierin einen Widerspruch mit den Resultaten Grethes zu finden, der, wie oben erwähnt, durch Einführen der NH_2-Gruppe im Phenylchinaldin eine Wirkungsabschwächung erzielte, wäre natürlich verfehlt; in jenem Falle handelt es sich um eine Substitution unmittelbar am Ring, in unserem Falle um eine Substitution in der aliphatischen Seitenkette.

Die schlechte Wirksamkeit des Piperidyläthylamins war nach den Resultaten Grethes über das Pyridin nicht auffallend, da ja die Hydrierung nach seinen Untersuchungen die Wirkung noch abschwächt, so daß die möglicherweise durch die NH_2-Gruppe verstärkte Wirkung doch nur gering ist. Die stärkere Wirksamkeit des Naphthyläthylamins gegenüber dem Chinolyläthylamin beruht wohl mehr auf der Anwesenheit des Phenolhydroxyls als auf dem Fehlen des Kernstickstoffes.

Während, wie schon oben erwähnt, die Resultate über die Wirksamkeit des Chinins mit den von Binz und Grethe gefundenen Zahlen gut übereinstimmen, zeigte sich ein auffallender Unterschied beim Vergleich unserer Resultate über Chinolin und Chinaldin mit denen der früheren Untersucher. Beide Körper erwiesen sich in unseren Untersuchungen als erheblich schwächer wirksam. Möglicherweise liegt die Ursache in den Unterschieden der untersuchten Arten — meine Untersuchungen beweisen, daß große Unterschiede in der Giftfestigkeit der einzelnen Infusorienarten bestehen —, möglicherweise aber auch in Verschiedenheiten der Reaktion der verwendeten Lösungen.

An der Reinheit des von Grethe benutzten Chinolins zu zweifeln liegt kein Grund vor. Er hat es in Form des reinen weinsauren Salzes untersucht. Aber auch Tappeiner empfand den Umstand als störend, daß die Lösungen der Chinolinsalze sauer reagierten, besonders da gerade Salzsäure eine starke abtötende Wirkung auf Protozoen entfaltet. Da aber bei dem Versuch, die Lösungen zu neutralisieren, die Chinolinbasen ausfielen, ließ sich diese etwaige Fehlerquelle nicht vermeiden. In unseren Versuchen wurden die untersuchten Körper, wie schon eingangs erwähnt, auf einen möglichst geringen und möglichst gleichen Aciditätsgrad eingestellt, der vielleicht geringer war als bei den Voruntersuchern.

Die praktisch wichtigste Frage, die sich aus den vorstehenden Untersuchungen ergibt, ob einer der untersuchten Körper, etwa Naphthyläthylamin oder Chinolyläthylamin, eine therapeutisch verwertbare Wirkung auf pathogene Protozoen ausüben könnte, muß natürlich mit vorsichtiger Zurückhaltung behandelt werden. Immerhin seien die Erwägungen erörtert, unter denen an sie herangetreten werden darf.

Daß die abtötende Kraft der Stoffe beim Versuch in vitro keinen sicheren Anhaltspunkt für die Beeinflussung der im Organismus lebenden Protozoen ergibt, zeigen die Untersuchungen Mannabergs[1]) über die in vitro hoch wirksamen Phenylchinaldine und Phosphine bei Malaria. Abgesehen davon, daß es sich überhaupt um eine andere Klasse von Protozoen handelt, die vielleicht durch ihre parasitäre Lebensweise ganz andere Schutzeinrichtungen gegenüber toxischen Schädlichkeiten entwickelt hat, sind die Bedingungen einer Wirkung im Organismus doch viel komplizierter. Zunächst muß ein verwertbarer Körper bei

---

[1]) Über die Wirkung von Chinolinderivaten und Phosphinen bei Malariafiebern. Archiv f. klin. Med. **59**, 185.

gleichzeitig möglichst großer Affinität zu den Parasiten für den Wirtsorganismus möglichst unschädlich sein. Aber auch ohne den Wirt zu schädigen, können in vitro wirksame Körper im Organismus physikalisch-chemisch abgelenkt oder chemisch verändert und damit für den Parasiten unwirksam werden. So kann es vorkommen, daß ein in vitro hochwirksamer Körper therapeutisch wertlos ist, und andererseits besteht die Möglichkeit, daß ein schwächer wirkender Stoff im Organismus ungeahnte Wirkungen entfaltet. Sicherlich sind die Bedingungen einer therapeutischen Wirkung, welche Ehrlich durch den Quotienten $\dfrac{\text{Parasitotropie}}{\text{Organotropie}}$ kennzeichnete, noch über die hier angedeuteten Verhältnisse hinaus kompliziert, und nur die klinische Prüfung kann unsere Frage für den Einzelfall beantworten.

VIII. Ergebnisse.

An der Spitze der Ergebnisse der vorstehenden Untersuchungen steht die auffallende qualitative und quantitative Änderung in der Wirkungsweise der Chinolinderivate durch Eintritt der Aminogruppe im Chinolyläthylamin, die letzteres mit den proteinogenen Aminen zu vergleichen gestattet.

Chinolin, Chinaldin und Chinaldylalkin sind in ihren pharmakologischen Wirkungen nur wenig unterschieden.

Der Blutdruck wird von allen nicht wesentlich beeinflußt, die Pulsamplitude nur vom Chinaldylalkin verstärkt. Ebenso haben sie auch keine Wirkung auf die Gefäßweite.

Organe mit glatter Muskulatur werden von ihnen in schwacher Konzentration vielleicht kaum merklich erregt, durch die stärkeren Dosen dagegen in lähmendem Sinne beeinflußt.

Die Hefegärung wird von Chinolin stärker, von Chinaldin und Chinaldylalkin schwächer als vom Chinin gehemmt.

Ihre abtötende Wirkung auf Paramäcien ist wesentlich geringer als die des Chinins und beträgt für:

Chinolin $^1/_{10}$,
Chinaldin weniger als $^1/_{20}$,
Chinaldylalkin $^1/_{20}$

der Chininwirkung.

Chinolyläthylamin dagegen fällt in jeder Beziehung aus dem Rahmen der übrigen Chinolinkörper heraus.

Es wirkt deutlich blutdrucksteigernd (bis um 46%) und vergrößert die Pulsamplitude sehr stark (bis um 300%), wobei seine Wirkungsstärke mindestens $^1/_{40}$ derjenigen des Adrenalins beträgt.

Ferner wirkt es ausgesprochen gefäßverengernd, und zwar etwa 25 mal schwächer als Adrenalin.

Organe mit glatter Muskulatur werden von ihm elektiv beeinflußt:

Am Darm entfaltet es eine starke hemmende Wirkung auf Tonus und Kontraktionen, die ungefähr zehnmal stärker ist, als diejenige der übrigen Chinolinderivate und mindestens $^1/_{30}$ der Adrenalinwirkung beträgt. Dabei tritt die lähmende Wirkung langsamer ein als bei Adrenalin, hält aber wesentlich länger an.

Die glatte Muskulatur des Uterus wird von Chinolyläthylamin in schwacher Konzentration in stark erregendem Sinne, in unphysiologisch hohen Dosen aber in lähmendem Sinne beeinflußt.

Am Darm ist die Wirkung des Chinolyläthylamins also analog derjenigen des Adrenalins, am Uterus aber entgegengesetzt.

Seine hemmende Wirkung auf die Hefegärung ist ungefähr gleich derjenigen des Chinins, schwächer als die Wirkung des Chinolins, aber stärker als diejenige des Chinaldins und Chinaldylalkins.

Die abtötende Wirkung auf Paramäcien ist dreimal schwächer als die Chininwirkung, aber 3—6 mal stärker als diejenige der übrigen Chinolinderivate.

Die beiden anderen nicht proteinogenen Amine entfalten nur an einzelnen Objekten elektive Wirkungen: Naphthyläthylamin wirkt nur schwach, Piperidyläthylamin dagegen kräftig gefäßverengernd.

Organe mit glatter Muskulatur werden von beiden nur in starken Dosen und nur in lähmendem Sinne beeinflußt.

Ihre Wirkung auf die Hefegärung ist schwächer als diejenige des Chinolyläthylamins. Auf Protozoen übt Piperidyläthylamin eine nur unwesentliche, Naphthyläthylamin dagegen eine kräftige abtötende Wirkung ·aus, die die Hälfte der Chininwirkung beträgt.

Von Chinin konnten die früheren Untersuchungen bezüglich seiner Wirkung auf Protozoen und Hefegärung bestätigt werden. Der Blutdruck wird nicht wesentlich verändert, die Gefäßweite ebensowenig; dagegen wird das Pulsvolumen stark vergrößert. Die glatte Muskulatur des Darmes wird von Chinin in allen geprüften Konzentrationen in lähmendem Sinne beeinflußt, diejenige des Uterus durch kleine Dosen erregt, durch große Dosen gelähmt.

Während also nach Kaufmann Chinolinderivate mit einer Aminogruppe in einer aliphatischen Seitenkette nach dem Typus des Neochins chininähnliche Wirkungen entfalten sollen, ist über die Beziehungen des Chinolyläthylamins zum Chinin festzustellen, daß es allerdings auf Protozoen und Hefegärung sehr ähnlich wirkt, die glatte Muskulatur des Darmes und des Uterus qualitativ gleichsinnig, quantitativ jedoch wesentlich stärker beeinflußt, auf Blutdruck und Gefäße aber eine dem Chinin nicht zukommende elektive Wirkung entfaltet.

Es ähnelt in seiner Gesamtwirkung viel mehr den Körpern

vom Typus der proteinogenen Amine, namentlich dem Adrenalin, zu dem es in seiner Wirkungsstärke in einem fast konstanten Verhältnis (ca. 1 : 30) steht, von dem es sich aber qualitativ doch in wichtigen Punkten, so z. B. durch seine entgegengesetzte Uteruswirkung unterscheidet.

Im Chinolyläthylamin bedingt also die Einführung der Aminogruppe innerhalb einer auf Derivate des Äthylchinolins hinauslaufenden Reihe eine ganz grundsätzliche Veränderung der Wirkung; im Gegensatz zu der Wirkung der nahen Verwandten aus der Chinolinreihe, denen die Aminogruppe in der Seitenkette fehlt, und welchen an den verschiedenartigsten Testobjekten nur schwache und unspezifische Wirkungen zukommen, entfaltet der durch Hinzutritt der Aminogruppe entstandene Körper, Chinolyläthylamin, starke und elektive Wirkungen.

Dieses erste pharmakologisch geprüfte nicht proteinogene Seitenkettenamin wird also durch seine Wirkung in nahe Beziehung zu den bekannten und pharmakologisch wichtigen proteinogenen Aminen gestellt.

Auch andere zum Vergleich herangezogene nichtproteinogene Amine erweisen sich als Körper von bemerkenswerten pharmakologischen Eigenschaften. Je nach dem Ringsystem, an welchem die Äthylaminoseitenkette steht, wechselt die Wirkungsfähigkeit sehr stark. Das Chinolyläthylamin schließt sich in seinen elektiven Angriffspunkten sehr nahe an die proteinogenen Amine an, ohne indessen in seiner Wirkungsqualität mit einem derselben zur Deckung zu kommen. Dem Piperidyläthylamin fehlt die starke Wirkung auf die glatte Muskulatur der Eingeweide, dagegen besitzt es dem Chinolyläthylamin etwa gleichkommende gefäßverengernde Wirkung. Das Naphthyläthylamin ist ein an allen diesen Testobjekten sehr wenig wirksamer Körper, der dagegen seine Gruppengenossen in der Protozoenwirkung übertrifft.

Zusammenfassung.

1. In Gestalt des Chinolyläthylamins wird zum erstenmal ein nichtproteinogenes C-Seitenkettenamin pharmakologisch untersucht.

2. Es fällt mit starken und spezifischen Wirkungen vollständig aus dem Rahmen seiner nächsten Verwandten aus der Chinolinreihe einschließlich des Chinins heraus.

3. Es entfaltet in physiologischen Dosen am lebenden Tier deutlich blutdrucksteigernde, und am isolierten Gefäßpräparat ausgeprägte gefäßverengernde Wirkung, erregende Wirkung am isolierten Uterus und lähmende Wirkung am überlebenden Darm.

Die Darmwirkung übertrifft die des Adrenalins durch ihre Nachhaltigkeit.

4. Dieses nichtproteinogene Amin wird mit einigen anderen verglichen, die sich vor allem durch die Konstitution ihres Ringes vom Chinolyläthylamin unterscheiden.

5. Auch von diesen seinen Homologen unterscheidet sich Chinolyläthylamin durch Stärke und Elektivität der Wirkung. Piperidyläthylamin ist nur durch kräftige gefäßverengernde, Naphthyläthylamin nur durch eine kräftige Protozoenwirkung hervortretend.

Anhang.

(Versuchsprotokolle, Kurven[1]), Tabellen.)

A. Blutdruckversuche.

Versuch 1.

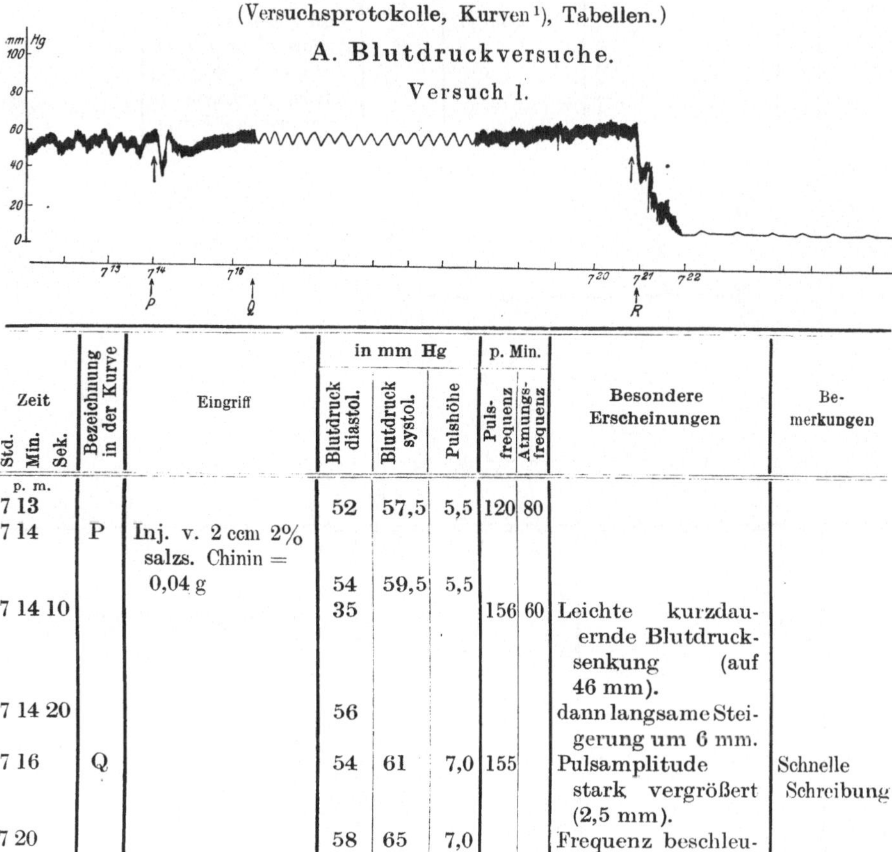

Zeit Std. Min. Sek.	Bezeichnung in der Kurve	Eingriff	in mm Hg			p. Min.		Besondere Erscheinungen	Bemerkungen
			Blutdruck diastol.	Blutdruck systol.	Pulshöhe	Pulsfrequenz	Atmungsfrequenz		
p. m. 7 13			52	57,5	5,5	120	80		
7 14	P	Inj. v. 2 ccm 2% salzs. Chinin = 0,04 g	54	59,5	5,5				
7 14 10			35			156	60	Leichte kurzdauernde Blutdrucksenkung (auf 46 mm).	
7 14 20			56					dann langsame Steigerung um 6 mm.	
7 16	Q		54	61	7,0	155		Pulsamplitude stark vergrößert (2,5 mm).	Schnelle Schreibung
7 20			58	65	7,0			Frequenz beschleunigt.	

---

[1]) Bei der Wiedergabe der Ruß-Kurven mußte aus äußeren Gründen von der unmittelbaren Reproduktion Abstand genommen werden. Daher sind die Abbildungen dieses Heftes nach Pauskurven angefertigt. Die Zeitschreibung zeichnet im allgemeinen Minuten, nur an den besonders vermerkten Stellen schnellerer Schreibung Sekunden.

Versuch 1 (Fortsetzung).

Zeit Std. Min. Sek.	Bezeichnung in der Kurve	Eingriff	in mm Hg			p. Min.		Besondere Erscheinungen	Bemerkungen
			Blutdruck diastol.	Blutdruck systol.	Pulshöhe	Pulsfrequenz	Atmungsfrequenz		
p. m. 7 21	R	Inj. v. 5 ccm 2% salzs. Chinin = 0,1 g	60	67	7,0			Plötzliche starke Senkung, Zuckungen, Pulsverlangsamung.	Schnelle Schreibung
7 22			9	11,2	2,2	55		Völliger Druckabfall.	
7 24								Atemstillstand: noch einige schwache, stark verlangsamte Herzschläge. Exitus.	

Versuch 2.

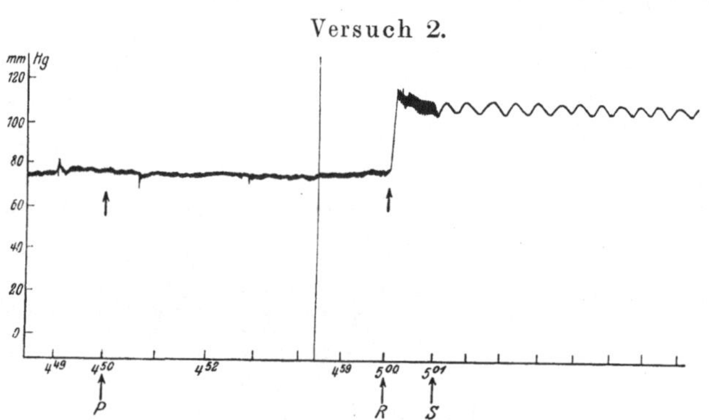

Zeit Std. Min. Sek.	Bezeichnung in der Kurve	Eingriff	in mm Hg			p. Min.		Besondere Erscheinungen	Bemerkungen
			Blutdruck diastol.	Blutdruck systol.	Pulshöhe	Pulsfrequenz	Atmungsfrequenz		
p. m. 4 49			72	74	2	165	196		
4 50	P	Inj. v. 2,0 ccm 2% salzs. Chinolin = 0,04 g	74	76	2				
4 52			73	75	2		200	Keinerlei Wirkung.	
4 59			71	73,2	2,2		172		
5	R	Inj. v. 0,25 ccm Adrenalin 1 : 1000 = 0,00025 g	73	75,2	2,2			Sofortiger steiler Anstieg auf 117 mm.	
5 1	S		103	109	6	100	132	Puls stark verlangsamt, Amplitude stark vergrößert.	Schnelle Schreibung

Versuch 3.

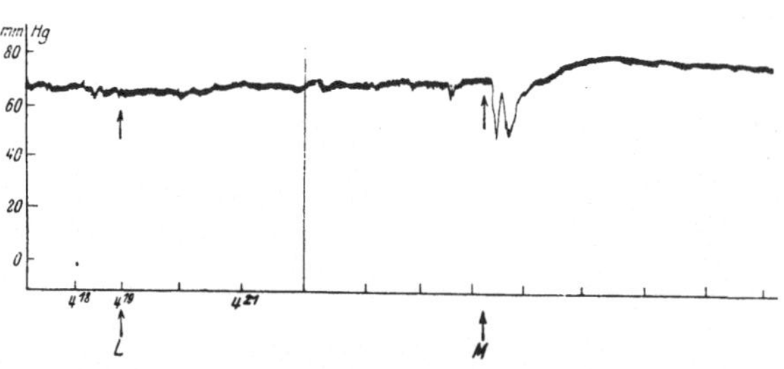

Zeit (Std. Min.)	Bezeichnung in der Kurve	Eingriff	in mm Hg			p. Min.		Besondere Erscheinungen	Bemerkungen
			Blutdruck diastol.	Blutdruck systol.	Pulshöhe	Pulsfrequenz	Atmungsfrequenz		
4 18			62	64	2	144			
4 19	L	Inj. v. 1 ccm salzs. Chinaldin 2% = 0,02 g	61	63	2				
4 21			66	68	2	150		Keinerlei deutliche Wirkung. Erst nach einiger Zeit Steigerung um 5 mm.	
4 27			67	69	2	150			
4 28	M	Inj. v. 2 ccm salzs. Chinaldin 2% = 0,04 g	69	71	2			Noch während der Injektion eine deutliche Senkung. Krampfzuckung. Dann Wiederanstieg ohne Zuckung. Weiter langsamer Anstieg (10 mm).	
4 30			79	80,8	1,8	192			

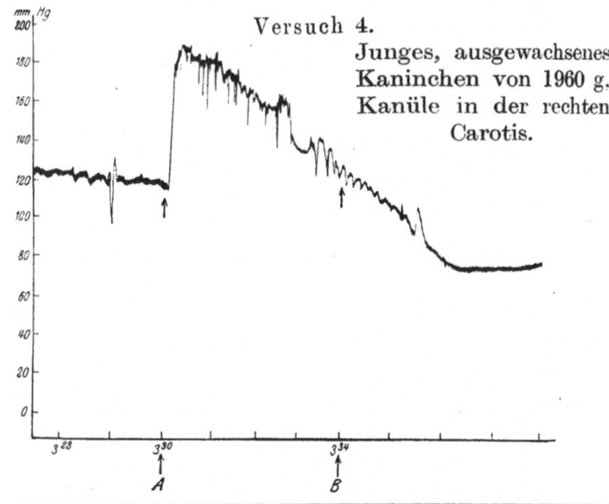

Versuch 4.
Junges, ausgewachsenes Kaninchen von 1960 g. Kanüle in der rechten Carotis.

Zeit Std. Min. Sek.	Bezeichnung in der Kurve	Eingriff	in mm Hg			p. Min.		Besondere Erscheinungen	Be-merkungen
			Blutdruck diastol.	Blutdruck systol.	Pulshöhe	Puls-frequenz	Atmungs-frequenz		
p. m.									
3 26		Beginn.							
3 28			120	22,5	2,5			Gleichm. Kurve.	
3 30	A	Inj. v. 0,25 ccm Adrenalin 1 : 1000 = 0,00025 g	112	114,5	2,5				
3 30 15			184	186,5	2,5			Sofortig. steiler Anstieg. Druckerhöh. 72 mm. Dann langsames Absinken des Blutdrucks.	
3 34 15	B	Inj. v. 0,1 ccm 2% salzs. Chinaldylalkin = 0,002 g	115	112	2				
3 36			76	78	2			Weiteres langsames Sinken. Deutliche rhythm. Schwankungen (nicht respiratorisch).	Wegen d. absteigenden Verlaufs d. Adrenalinkurve nicht zu verwert.
3 37									
3 38	C		74	76	2	150		Krampfhafte, beschleunigte Atmung. Pulsbeschleunigung ?	
3 39									Schnelle Schreibung
3 42			75	77	2		166		
3 44					1,5			Pulsamplitude deutlich kleiner werdend.	

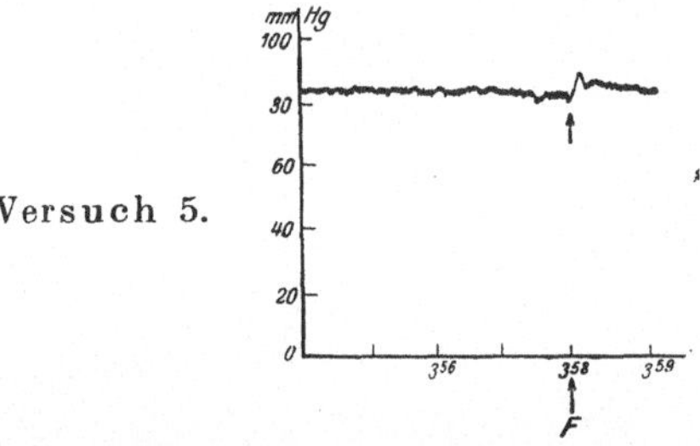

Versuch 5.

Zeit		Bezeichnung in der Kurve	Eingriff	in mm Hg			p. Min.		Besondere Erscheinungen	Be- merkungen
Std. Min. Sek.				Blutdruck diastol.	Blutdruck systol.	Pulshöhe	Puls- frequenz	Atmungs- frequenz		
3 53				71	72,5	1,5	170	180		
3 56				70	71,8	1,8				
3 58		F	Inj. v. 0,2 ccm salzs. Chinaldylalkin 2%							
		.	= 0,004 g	70	71,8	1,8				
3 58 15				78	79,5	1,5		186	Leichte, 1 Min. dauernde Blut- drucksteigerung von 8 mm.	
3 59		G		71	72,5	1,5	180		Danach Pulsam- plitude verkleinert, Frequenz vermehrt.	Schnelle Schreibung

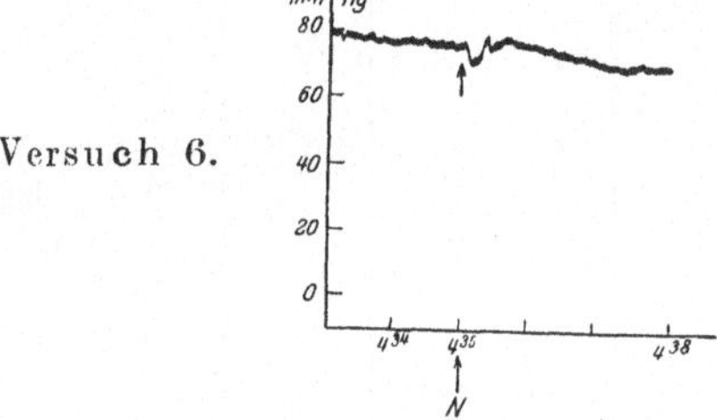

Versuch 6.

Zeit		Bezeichnung in der Kurve	Eingriff	in mm Hg			p. Min.		Besondere Erscheinungen	Be- merkungen
Std. Min. Sek.				Blutdruck diastol.	Blutdruck systol.	Pulshöhe	Puls- frequenz	Atmungs- frequenz		
p. m.										
4 34				74	76	2		192		
4 35		N	Inj. v. 2 ccm 2% salzs. Chinaldylal-							
			kin = 0,04 g	74	76	2			Leichte Blutdruck- senkung auf 68 mm, dann Wiederan- stieg auf 76 mm.	Gleich nach Injektion Korrektion der Kanüle
4 35 45				76	78,2	2,2		200		
4 38		O		68	70	2	165	196		Schnelle Schreibung

Versuch 7.

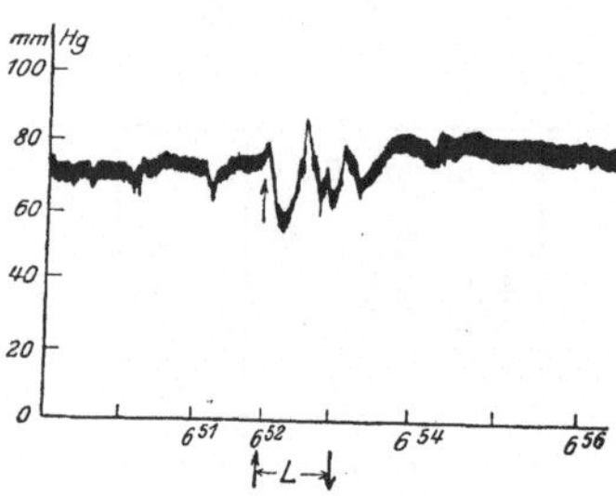

Zeit Std. Min. Sek.	Bezeichnung in der Kurve	Eingriff	in mm Hg			p. Min.		Besondere Erscheinungen	Bemerkungen
			Blutdruck diastolisch	Blutdruck systol.	Pulshöhe	Pulsfrequenz	Atmungsfrequenz		
6 51			58	63,5	5,5	153	82		
6 52	L	Inj. v. 10 cmm 2% salzs. Chinaldylalkin = 0,2 g	62	67	5,0				
6 52 20			44			164	104	Mäßige Drucksenkung, dann starke Schwankungen, leichte Druckerhöhung (4 mm).	Schnelle Schreibung
6 52 40			72						
6 54			66	72	6,2			Keine bleibende Druckänderung.	
6 56	M		62	67,8	5,8	160		Puls etwas beschleunigt, Amplitude vergrößert.	

Versuch 8.

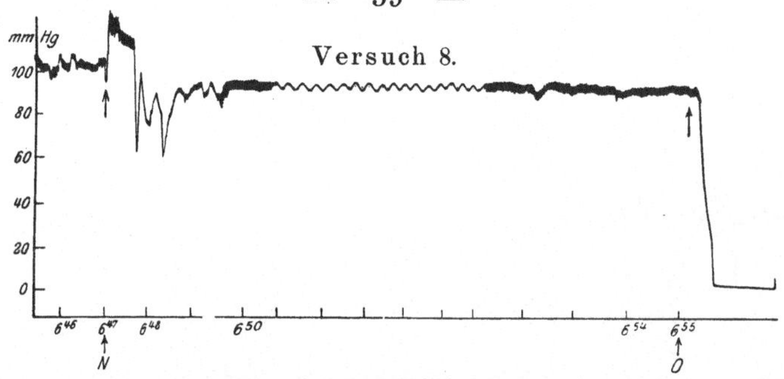

Zeit Std. Min. Sek.	Bezeichnung in der Kurve	Eingriff	in mm Hg			p. Min.		Besondere Erscheinungen	Bemerkungen
			Blutdruck diastol.	Blutdruck systol.	Pulshöhe	Pulsfrequenz	Atmungsfrequenz		
p. m. 6 37	L		90				40	Unruhe.	
6 39 30	M		90	92	2,0	245	40	Deutliche, respiratorische Blutdruckschwankungen von 5 mm Amplitude.	Schnelle Schreibung
6 46			97	99	2,0				
6 47	N	Inj. v. 3,0 ccm 20% salzs. Chinaldylalkin = 0,6 g	97	99	2,0				
6 47 30			110	114	4,0		60	Tier unruhig.	
6 48 30			56					Der Blutdruck steigt bis auf 122 mm, hält sich ³/₄ Minuten auf ca. 114 mm, fällt dann steil ab unter großen Schwankungen bis auf 56 mm, um darauf wieder anzusteigen.	
6 50			90	93,8	3,8	160		Puls verlangsamt, Amplitude vergrößert.	Schnelle Schreibung
6 54	O		87	90,8	3,8				
6 55	O	Inj. v. 7,0 ccm 20% salzs. Chinaldylalkin = 1,4 g	88	91,8	3,8			Plötzlicher, steiler Abfall des Blutdrucks. Atemstillstand, Exitus.	
6 55 30			2					Keine Krämpfe. Sektionsbefund: Herzflimmern. Lunge o. B. Leber, Niere, Nebenniere o. B. Dünndarm schlaff.	

Versuch 9.

Junges, ausgewachsenes Kaninchen von 1900 g; Kanüle in der rechten Carotis.

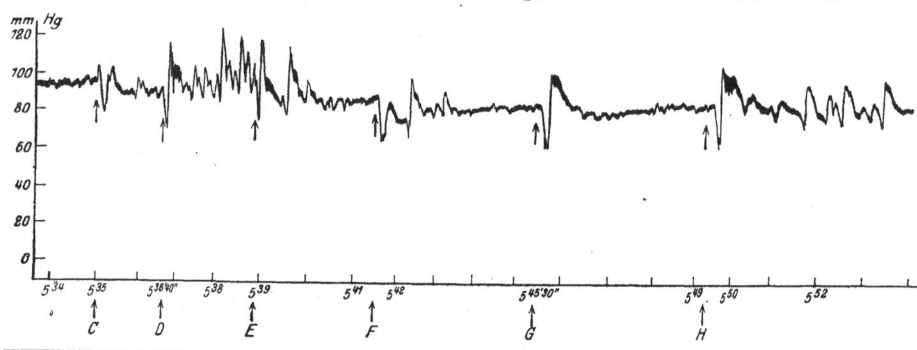

Zeit (Std. Min. Sek.)	Bezeichnung in der Kurve	Eingriff	in mm Hg			p. Min.		Besondere Erscheinungen	Bemerkungen
			Blutdruck diastol.	Blutdruck systol.	Pulshöhe	Pulsfrequenz	Atmungsfrequenz		
p. m.									
5 30		Beginn.	92	93	1,0	246			Schnelle
5 34			92	94	2,0				Schreibung
5 35	C	Inj. v. 0,1 ccm 2% salzs. Chinolyläthylamin =							Unsicher injiziert
		0,002 g	93	95	2,0			Drucksenkung auf 77 mm, Wiederanstieg, langs. Sinken.	
5 35 15			77						
5 36 40	D	Inj. v. 0,1 ccm 2% salzs. Chinolyläthylamin =							
		0,002 g	86	87	1,0			Druckschwankung nach unten und oben, ½ Minute anhaltende Erhöhung auf 102 mm mit großen Pulsamplituden, dann sehr große Druckschwankungen.	
5 37			97	102	5,0	96			
5 38			81—122		1,5				
5 39	E	Inj. v. 0,1 ccm 2% salzs. Chinolyläthylamin =							
		0,002 g	87					Druckschwankung, Vergrößerung der Pulsamplitude, dann langs. Sinken.	

Versuch 9 (Fortsetzung).

Zeit (Std. Min. Sek.)	Bezeichnung in der Kurve	Eingriff	in mm Hg			p. Min.		Besondere Erscheinungen	Bemerkungen
			Blutdruck diastol.	Blutdruck systol.	Pulshöhe	Pulsfrequenz	Atmungsfrequenz		
p. m.									
5 41			82	83,5	1,5				
5 41 30	F	Inj. v. 0,4 ccm 2‰ salzs. Chinolyläthylamin = 0,008 g	84	85,5	1,5			Drucksenkung mit Vergrößerung der Pulsamplitude, starke Schwankungen.	
5 42			70	72,5	2,5	108			
5 45 30	G	Inj. v. 0,2 ccm 2‰ salzs. Chinolyläthylamin = 0,004 g	79	80,5	1,5			Senkung (57), Hebung (97), hohe Pulswellen, dann langsamer Abfall des Druckes	
5 46			93	97	4,0				
5 49 20	H	Inj. v. 1,0 ccm 2‰ salzs. Chinolyläthylamin = 0,02 g (langsame Injektion)	77	78,5	1,5			Tier völlig ruhig.	
5 50			89	95	6,0	80		Druckschwankung nach unten (57), dann nach oben (101), $\frac{1}{2}$ Min. dauernde Erhöhung auf 95 mm mit sehr großen Pulswellen, danach langsames Abfallen und starkes Schwanken des Druckes. — Verlangsamung der Atmung.	
5 52			65—92		2,0				
5 55			77	79	2,0	230	62		Schnelle Schreibung

Versuch 10.

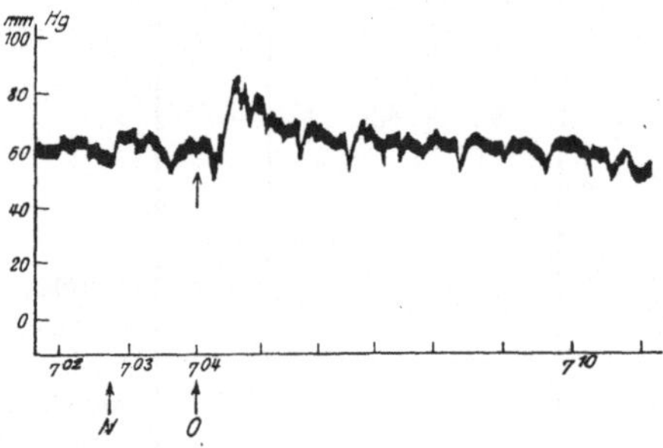

Zeit (Std. Min. Sek.)	Bezeichnung in der Kurve	Eingriff	in mm Hg			p. Min.		Besondere Erscheinungen	Bemerkungen
			Blutdruck diastol.	Blutdruck systol.	Pulshöhe	Pulsfrequenz	Atmungsfrequenz		
7 02	N							Erregung.	
7 03			60	65	5,0				
7 04	O	Inj. v. 0,2 ccm 2% salzs. Chinolyläthylamin = 0,004 g	56	61	5,0			Zuckungen.	
7 04 30			78			120	80	Steiler Anstieg, langsamer Abfall des Druckes. Puls verlangsamt, Amplitude vergrößert.	
7 10	Z		56	61,5	5,5			Plötzliche, spontane Zuckung.	

Versuch 11.

Junges, ausgewachsenes Kaninchen von 2030 g, Kanüle in der rechten Carotis.

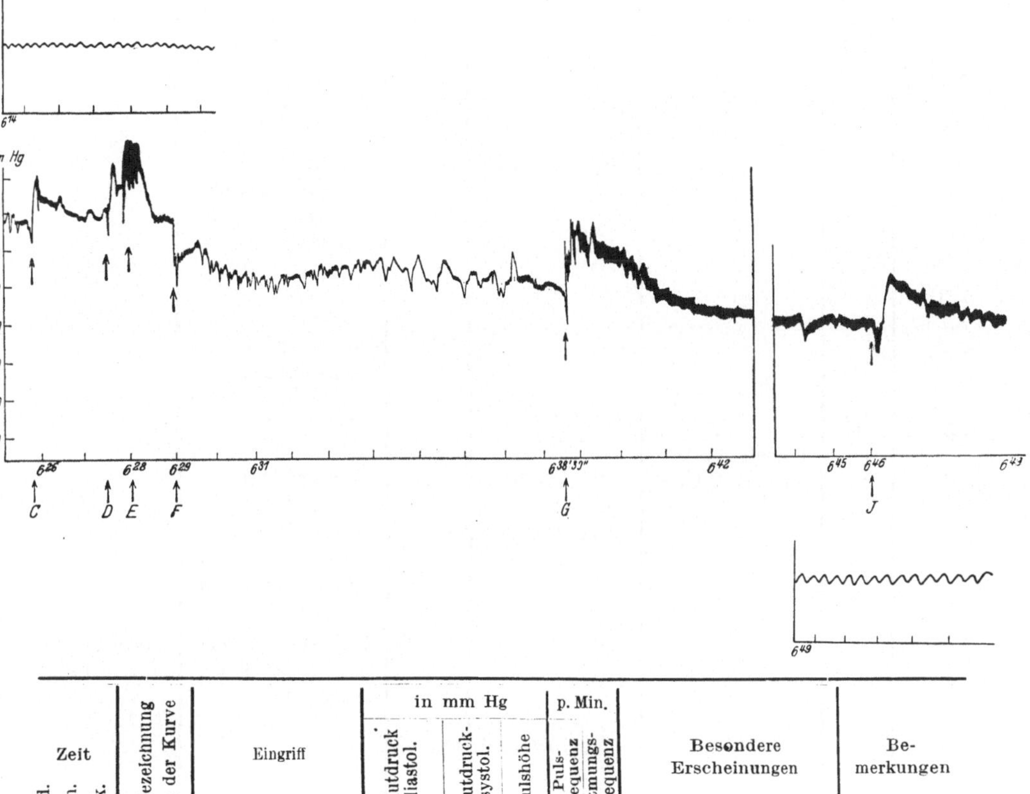

Zeit			Bezeichnung in der Kurve	Eingriff	in mm Hg			p. Min.		Besondere Erscheinungen	Be- merkungen
Std.	Min.	Sek.			Blutdruck diastol.	Blutdruck- systol.	Pulshöhe	Puls- frequenz	Atmungs- frequenz		
p. m.											
6	12			Beginn.	125			108			
6	14				124	126,5	2,5	235			Schnelle Schreibung
6	26		C		116	118	2,0			Unruhe, ebenso bei D.	
6	28		E	Inj. v. 0,1 ccm 2% salzs. Chi- nolyläthylamin = 0,002 g	130	132,2	2,2			Erregung.	
6	29		F	Inj. v. 0,4 ccm 2% salzs. Chi- nolyläthylamin = 0,008 g	92	94,5	2,5			Zuckungen.	

Versuch 11 (Fortsetzung).

Zeit (Std. Min. Sek.)	Bezeichnung in der Kurve	Eingriff	Blutdruck diastol.	Blutdruck systol.	Pulshöhe	Pulsfrequenz	Atmungsfrequenz	Besondere Erscheinungen	Bemerkungen
			in mm Hg			p. Min.			
p. m.									
6 29 30			103	105,5	2,5			Zuerst Steigen des Blutdruckes dann wieder langsame Senkung.	
6 31			81	83	2,0				
6 36			74—96		2,0			Große Druckschwankungen.	
6 38 30	G	Inj. v. 0,5 ccm Chinolyläthylamin = 0,01 g	74	76,5	2,5			Zuckung, Schrei	
6 39			108	114	6,0			Sofort Anstieg bis auf 117 mm, dann langsamer Abfall.	
6 42	H		60	65	5,0	153	98	Puls stark verlangsamt, Amplitude vergrößert.	Schnelle Schreibung
6 45		.	57	62	5,0	153			
6 46	J	Inj. v. 0,5 ccm Chinolyläthylamin = 0,01 g	56	61	5,0			Erst Senkung des Druckes, dann steiler Anstieg mit langsamem Abfall.	
6 46 10			44	49	5,0				
6 46 30			82	87	5,0				
6 49	K		59	64,5	5,5	153	82		Schnelle Schreibung

Versuch 12.

Zeit (Std. Min. Sek.)	Bezeichnung in der Kurve	Eingriff	in mm Hg			p. Min.		Besondere Erscheinungen	Bemerkungen
			Blutdruck diastol.	Blutdruck systol.	Pulshöhe	Pulsfrequenz	Atmungsfrequenz		
p. m. 5 05	T		94	100	6	100	132		Tieferstellen d. Trommel
5 06	U	Inj. v. 1,0 ccm 2% salzs. Chinolyl- äthylamin = 0,02 g	88	92	4			Einige Zuckung., dann allgem. to- nische Krämpfe.	
5 06 30	V		88	91	3				
5 07			44	46	2—4	200		Nasenbluten.	Schnelle Schreibung
5 07 15	W							Starker Druckab- fall. Atemstillstand, aber noch Herz- tätigkeit.	
5 08 30	X							Exitus. 5—10 ccm schaumig-sangui- nolente Flüssig- keit aus der Nase ausströmend. Sektionsergeb- nis: In den Unterlappen beider Lungen große hämorrha- gische Infarkte. Leber o. B. Herz o. B., steht in Diastole, ist auch durch Adre- nalin nicht mehr erregbar. Trachea leer. Milz o. B. Niere. Rinde sehr blutreich. Nebenniere o. B. Harn nicht blutig.	

B. Versuche am Gefäßpräparat.

1. Versuchsprotokolle in Kurvenform. (Versuche 13—39.)

Versuch 13.
20. 6. a. m.

Versuch 14.
20. 6. a. m.

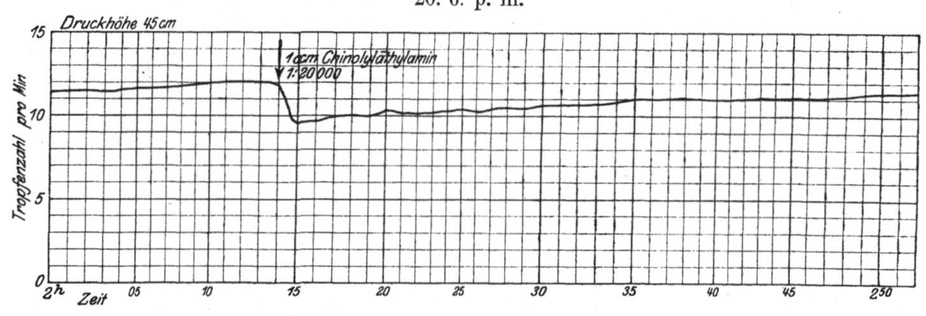

Versuch 15.
20. 6. p. m.

Versuch 16.
20. 6. p. m.

Versuch 17.
20. 6. p. m.

Versuch 18.
20. 6. p. m.

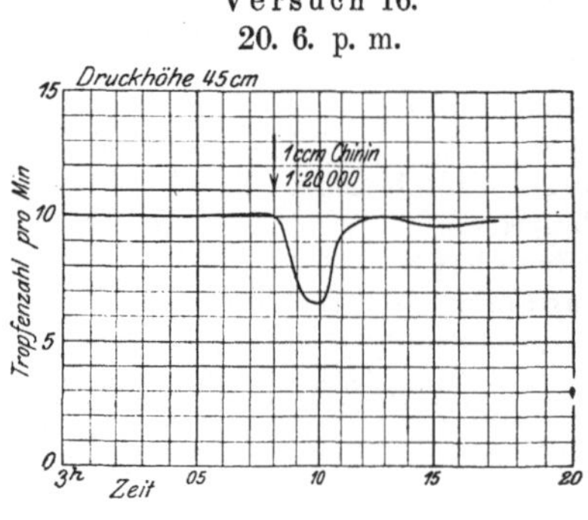

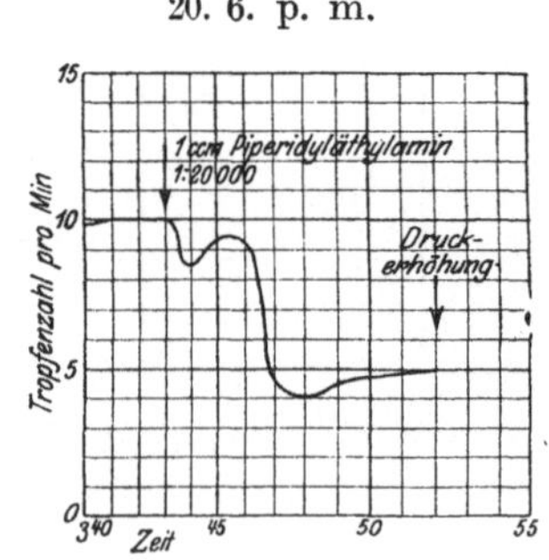

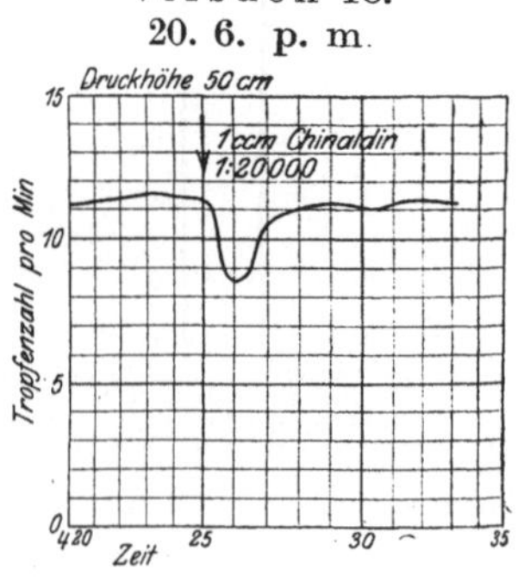

Versuch 19.
20. 6. p. m.

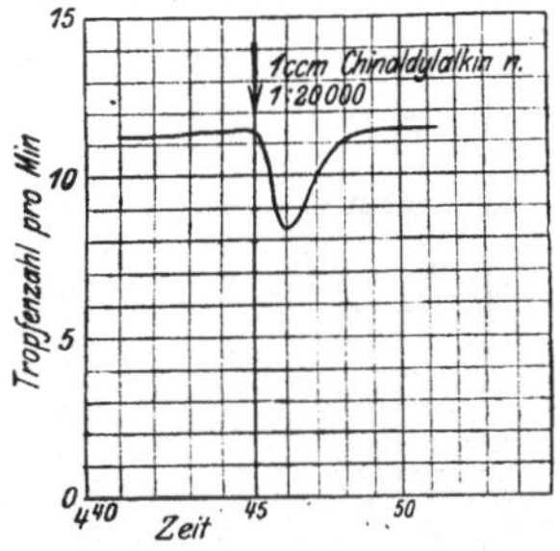

Versuch 20.
20. 6. p. m.

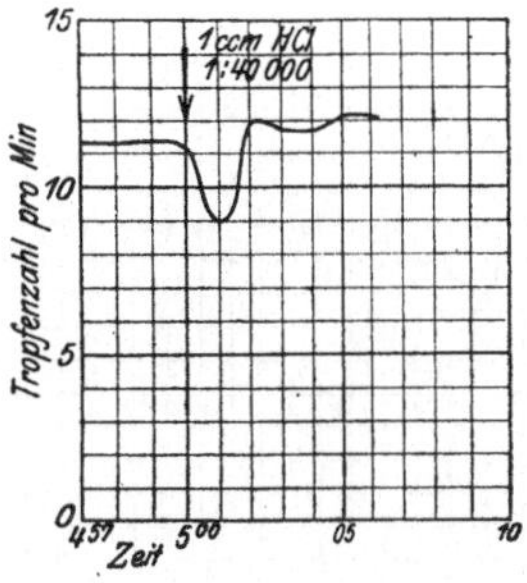

Versuch 21.
20. 6. p. m.

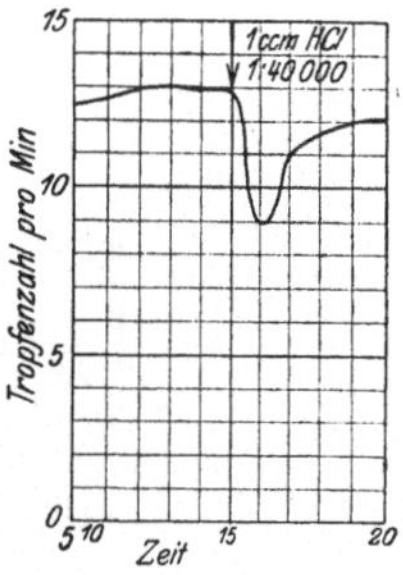

Versuch 22.
20. 6. p. m.

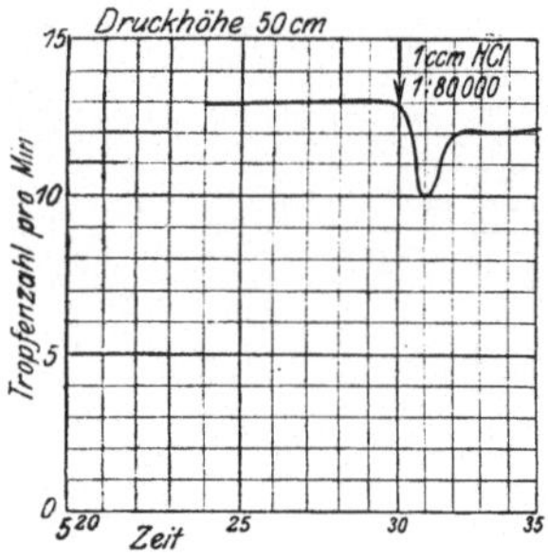

Versuch 23.
20. 6. p. m.

Versuch 24.
20. 6. p. m.

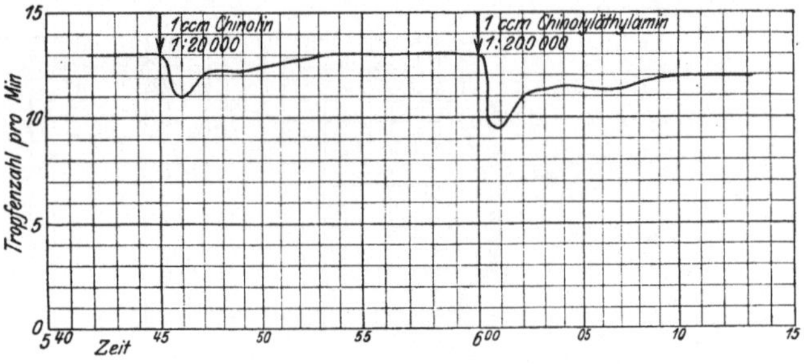

Versuch 25.
20. 6. p. m.

Versuch 26.
20. 6. p. m.

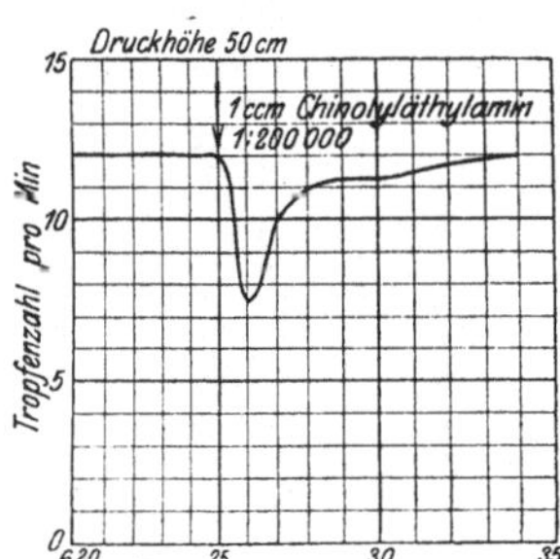

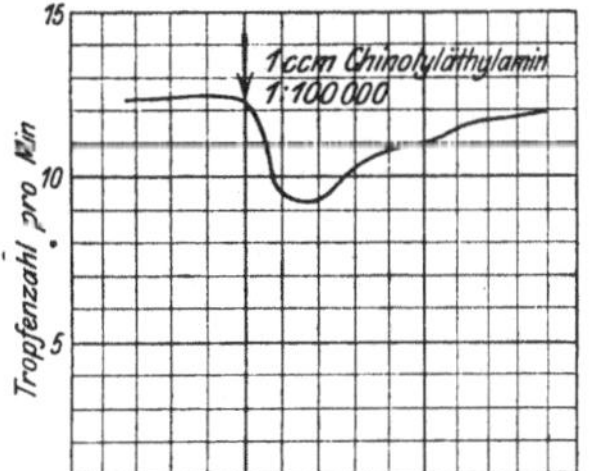

Versuch 27.
20. 6. p. m.

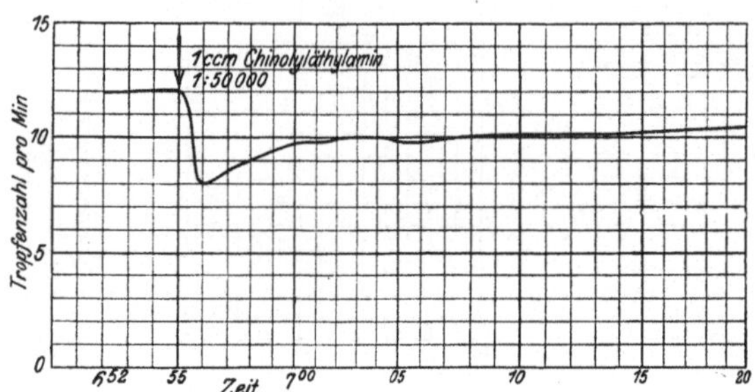

Versuch 28.
20. 6. p. m.

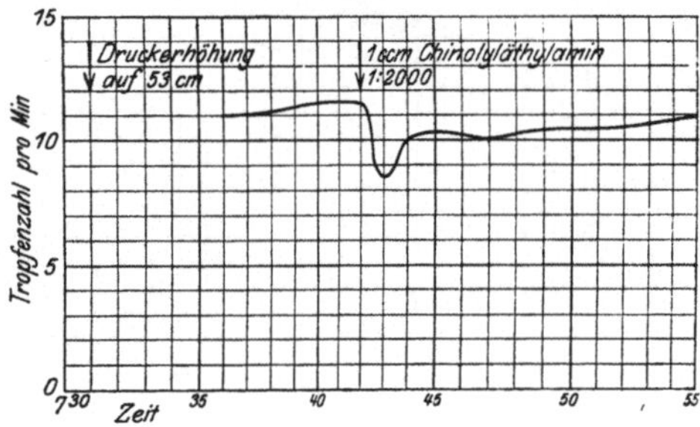

Versuch 29.
20. 6. p. m.

Versuch 30.
20. 6. p. m.

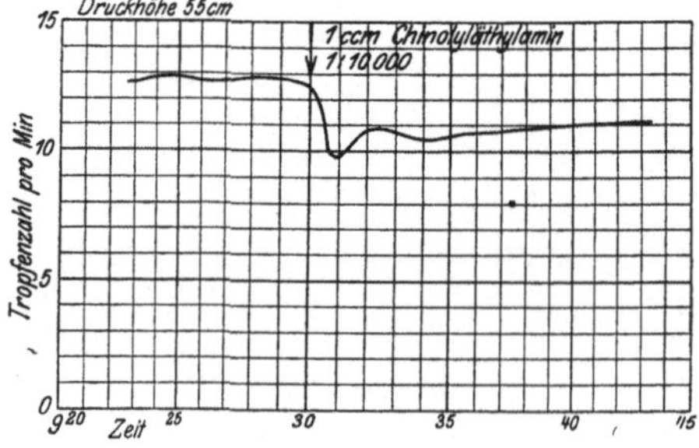

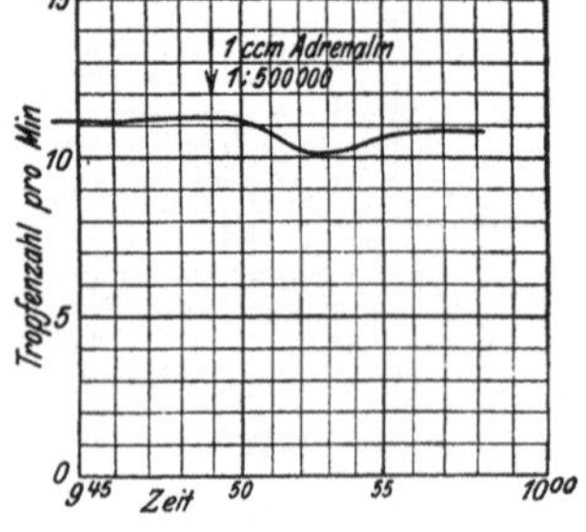

Versuch 31.
20. 6. p. m.

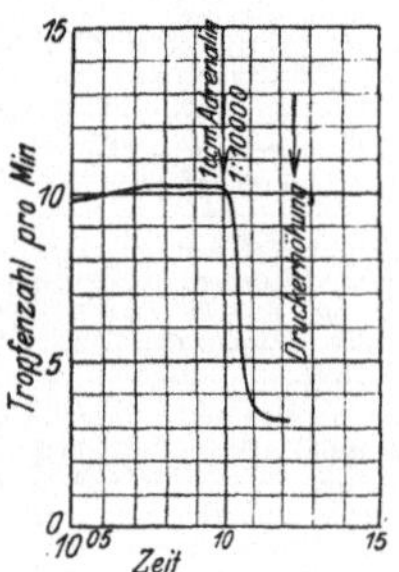

Versuch 32.
20. 6. p. m.

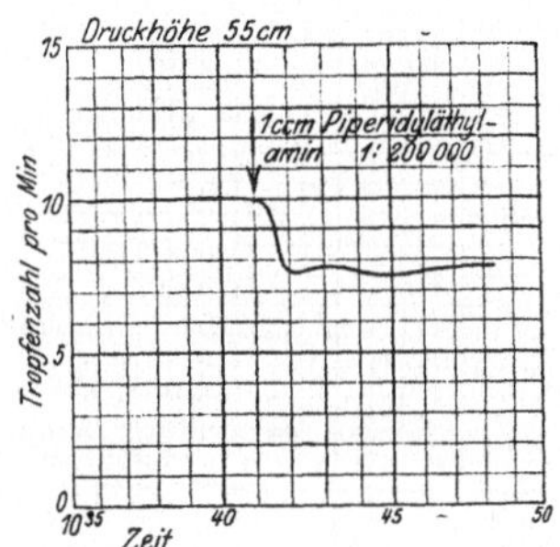

Versuch 33.
21. 6. p. m.

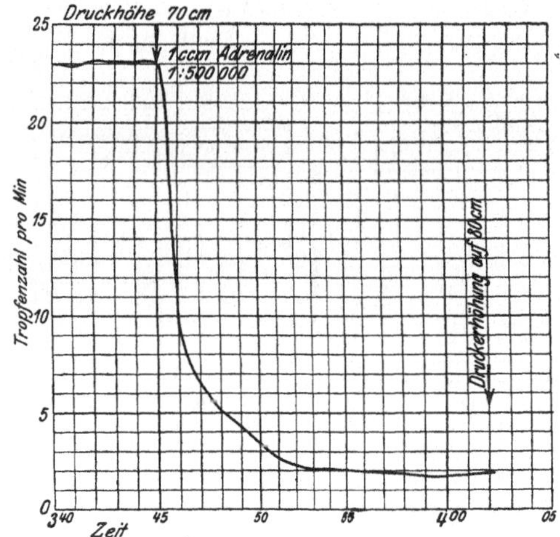

Versuch 34.
21. 6. p. m.

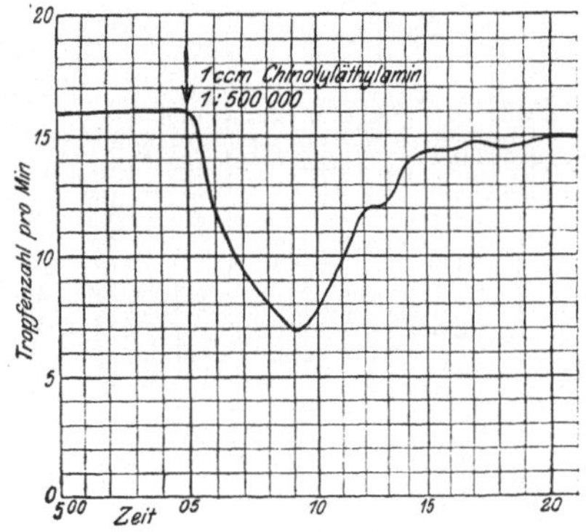

Versuch 35.
21. 6. p. m.

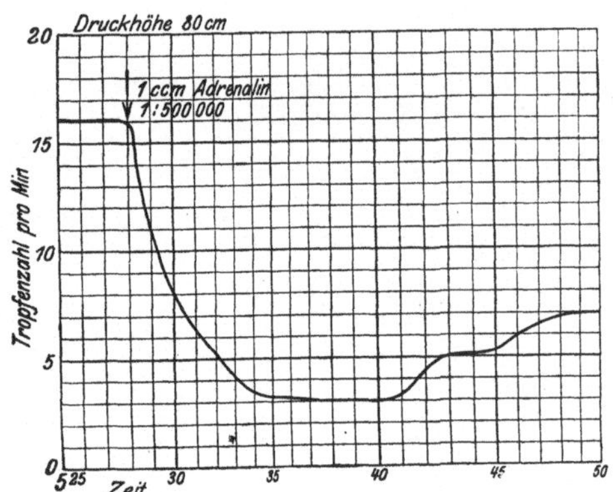

Versuch 36.
21. 6. p. m.

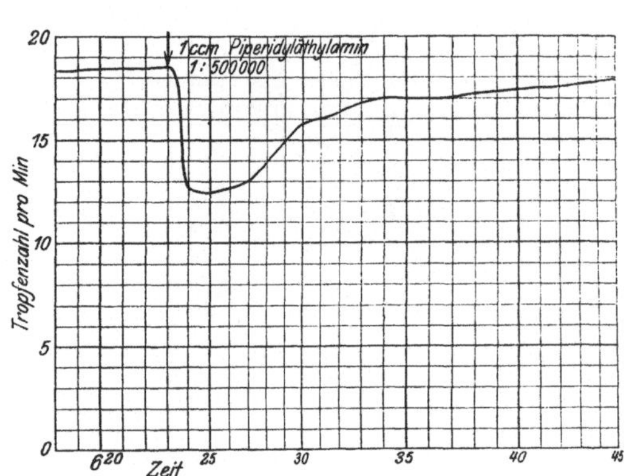

Versuch 37.
21. 6. p. m.

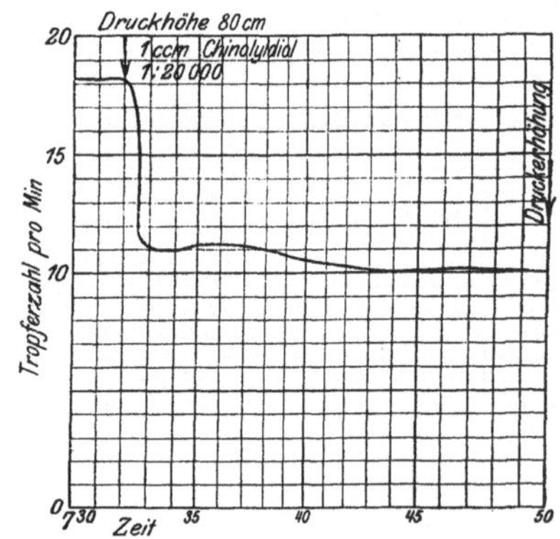

Versuch 38.
21. 6. p. m.

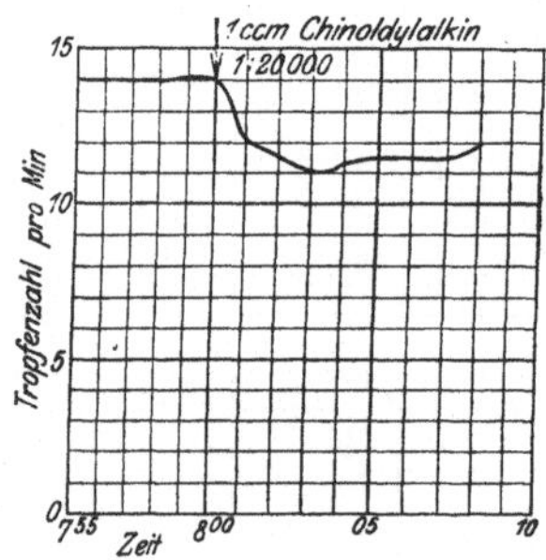

Versuch 39.
21. 6. p. m.

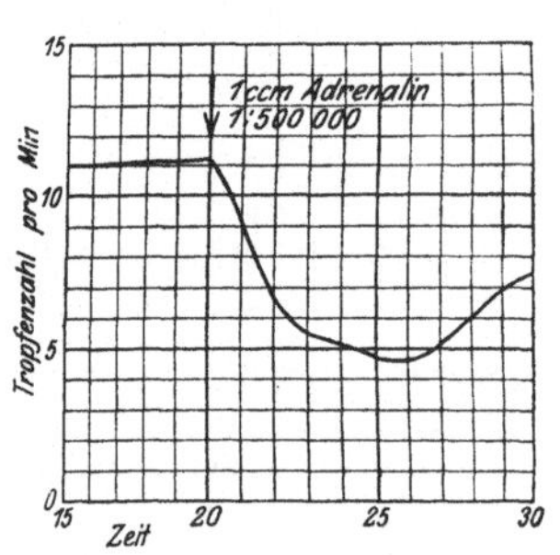

2. Ergebnisse in Prozentkurven in der Reihenfolge der Versuche.

(Kurven A—E.)

Kurve A.

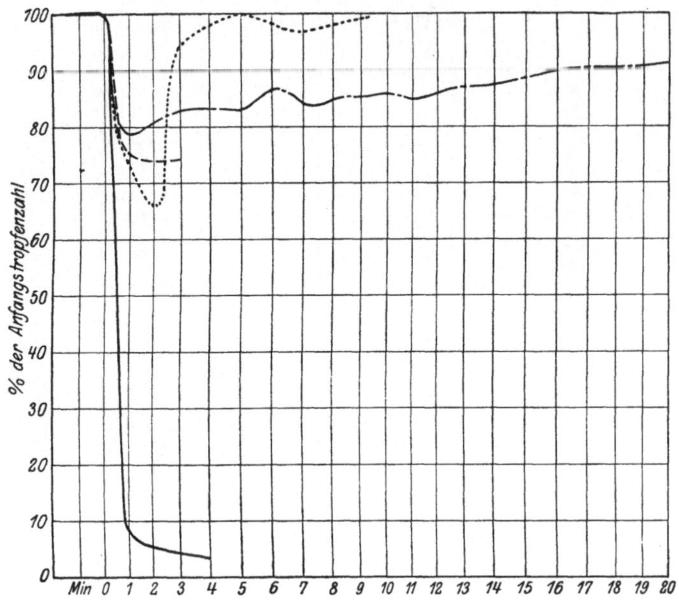

— — — — — Adrenalin 1 : 50 000.
— — — — — Adrenalin 1 : 500 000.
—.—.—.—. Chinolyläthylamin 1 : 20 000.
.... Chinin 1 : 20 000.

Kurve B.

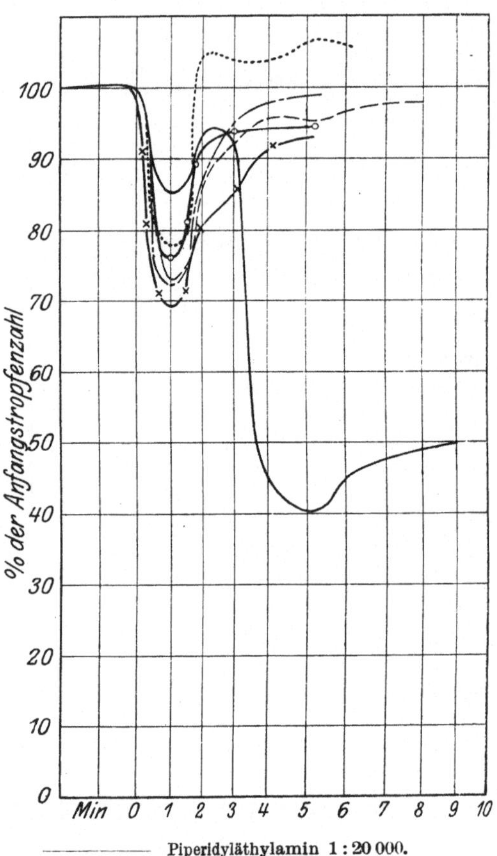

———————— Piperidyläthylamin 1 : 20 000.
— — — — Chinaldin 1 : 20 000.
—·—·—·—· Chinaldylalkin 1 : 20 000.
················ HCl 1 : 40 000.
×···×···× HCl 1 : 40 000.
o···o···o—o HCl 1 : 80 000.

Kurve C.

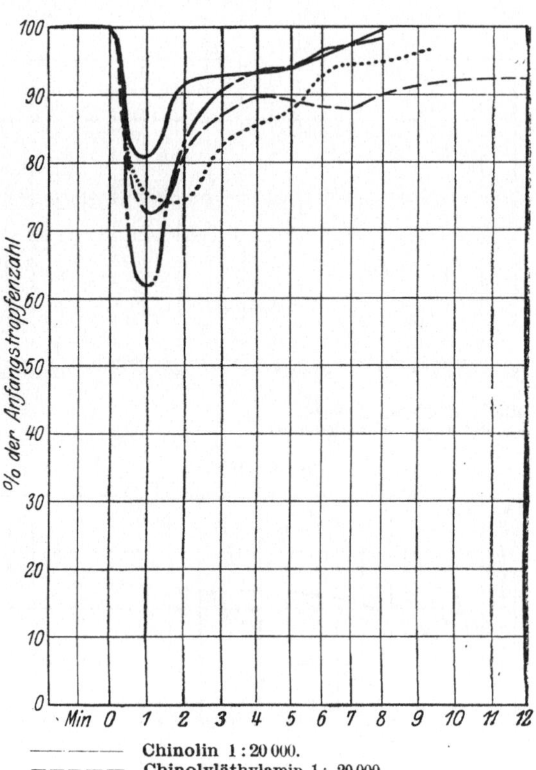

Chinolin 1 : 20 000.
Chinolyläthylamin 1 : 20 000.
Chinolyläthylamin 1 : 200 000.
Chinolyläthylamin 1 : 100 000.

Kurve D.

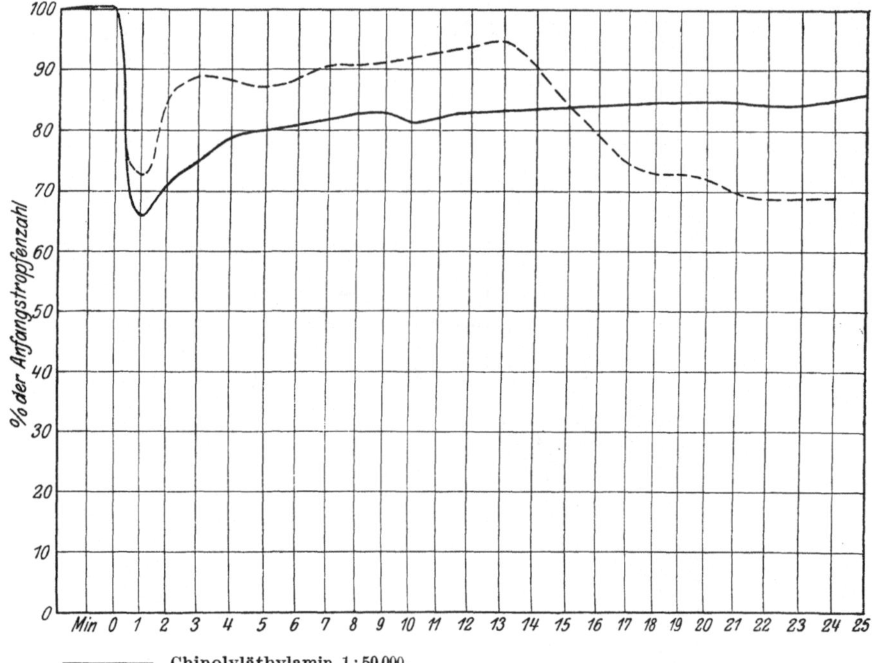

——————— Chinolyläthylamin 1 : 50 000.
— — — — Chinolyläthylamin 1 : 2 000.

Kurve E.

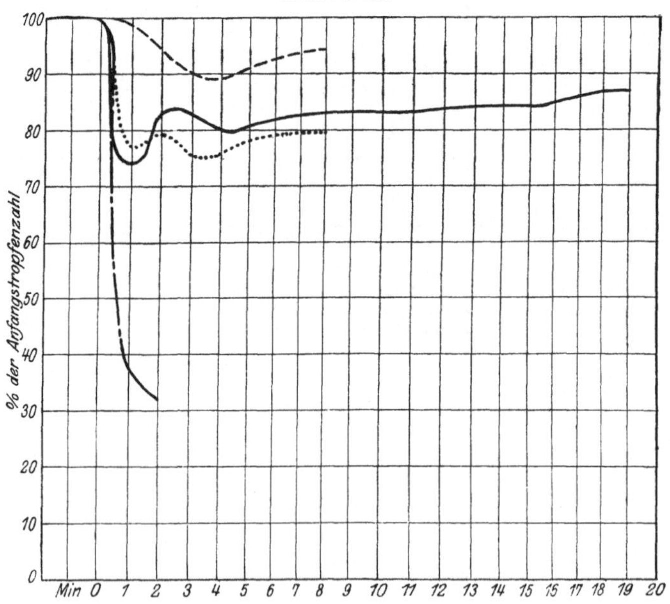

—·—·—·—·— Chinolyläthylamin 1 : 10 000.
— — — — Adrenalin 1 : 500 000.
—·—·—·—·— Adrenalin 1 : 10 000.
·················· Piperidyläthylamin 1 : 200 000.

3. Vergleichskurven der Ergebnisse (in Prozentkurven).

Kurve I.

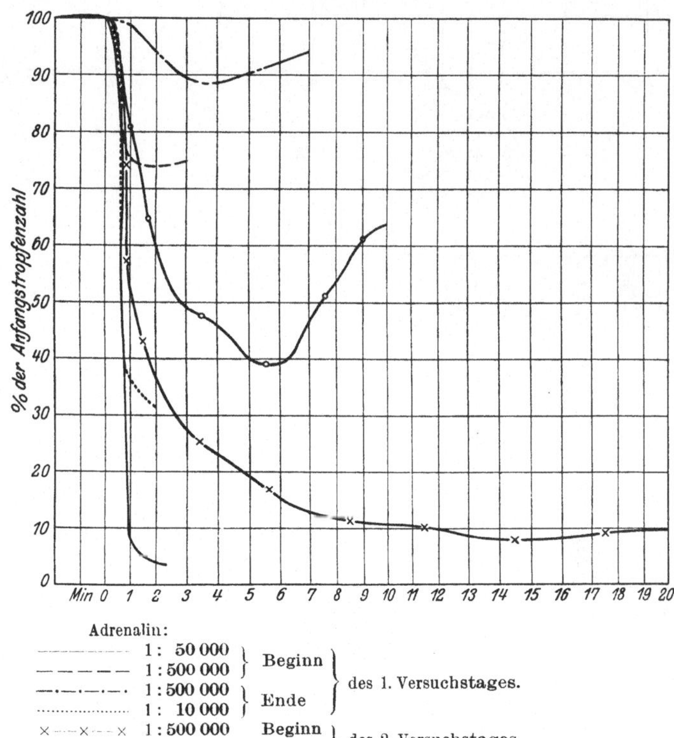

Adrenalin:

————————	1 : 50 000	Beginn
— — — — —	1 : 500 000	
—·—·—·—·	1 : 500 000	Ende
················	1 : 10 000	
×——×··×——×	1 : 500 000	Beginn
o——o··o——o	1 : 500 000	Ende

Beginn, Ende } des 1. Versuchstages.

Beginn, Ende } des 2. Versuchstages.

Kurve II.

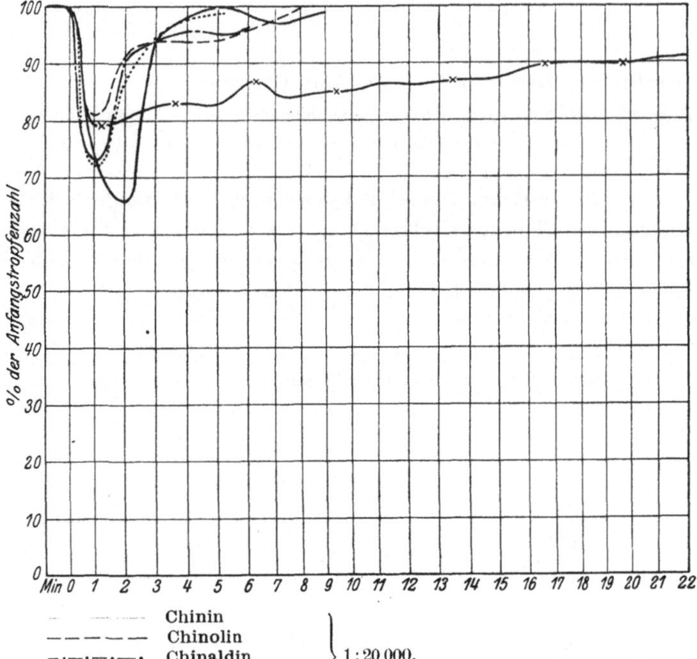

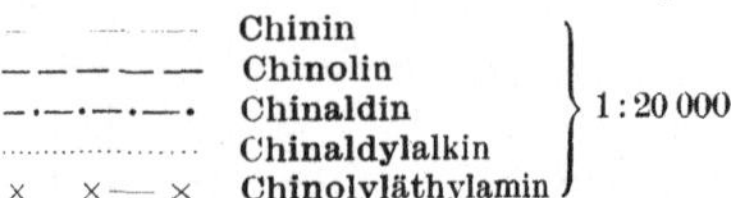

Kurve III.

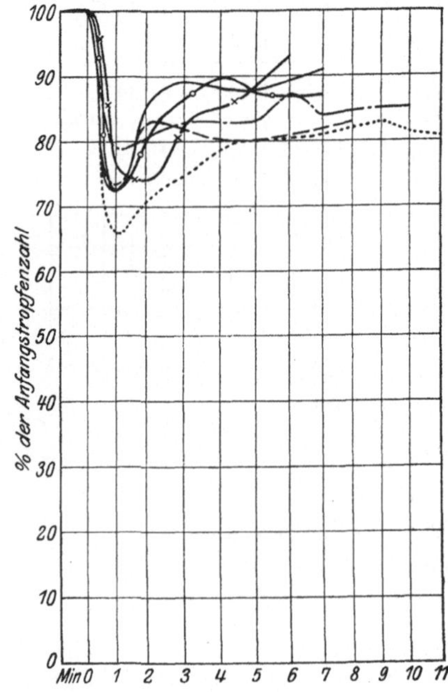

Chinolyläthylamin:

———————————	1 : 2 000.
— — — — —	1 : 10 000.
—·—·—·—·—·	1 : 20 000.
··················	1 : 50 000.
×—×—×	1 : 100 000.
o—o—o—o	1 : 200 000.

(1 :   500 000 siehe Kurve IV.)
(1 : 10 000 000   „   „   VII.)

Kurve IV.

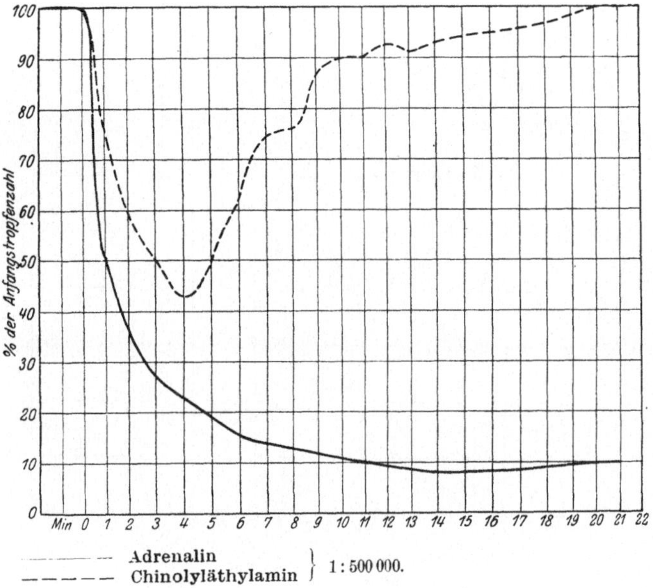

—————— Adrenalin
— — — — — Chinolyläthylamin } 1 : 500 000.

Kurve V.

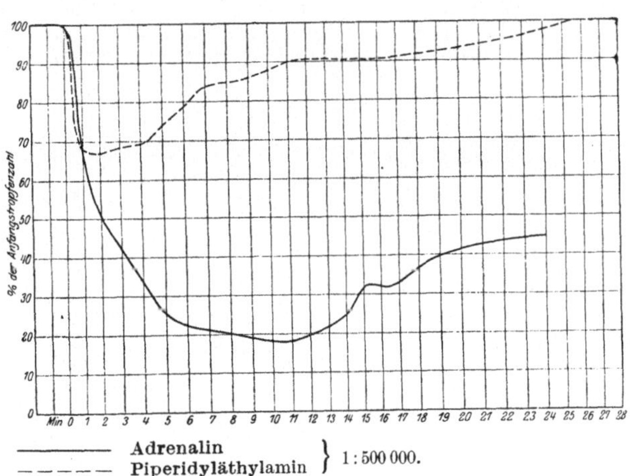

—————— Adrenalin
— — — — — Piperidyläthylamin } 1 : 500 000.

Kurve VI.

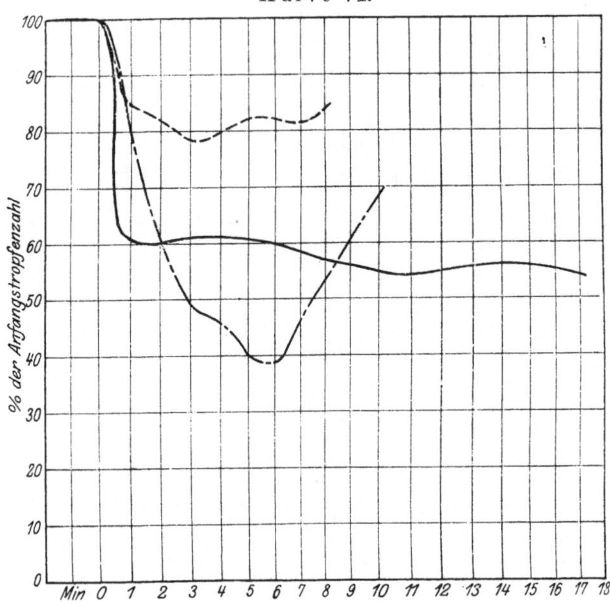

— — — · · Chinolylpropandiol } 1 : 20 000.
— — — — — Chinaldylalkin
—·—·—·—· Adrenalin 1 : 500 000.

Kurve VII.

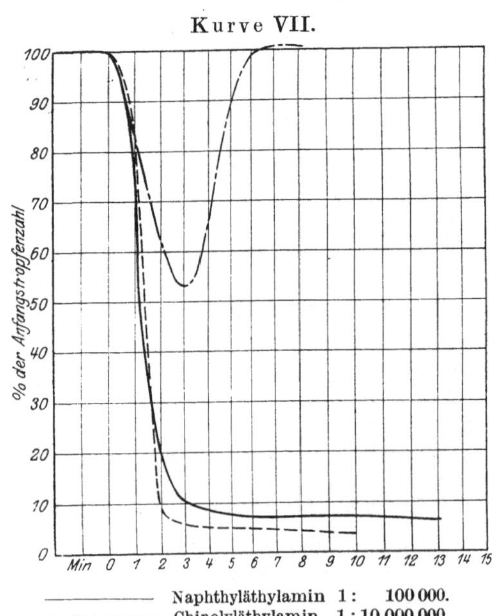

—————— Naphthyläthylamin 1 :   100 000.
— — — — — Chinolyläthylamin 1 : 10 000 000.
—·—·—·—· Naphthyläthylamin 1 :   10 000.

Kurve VIII.

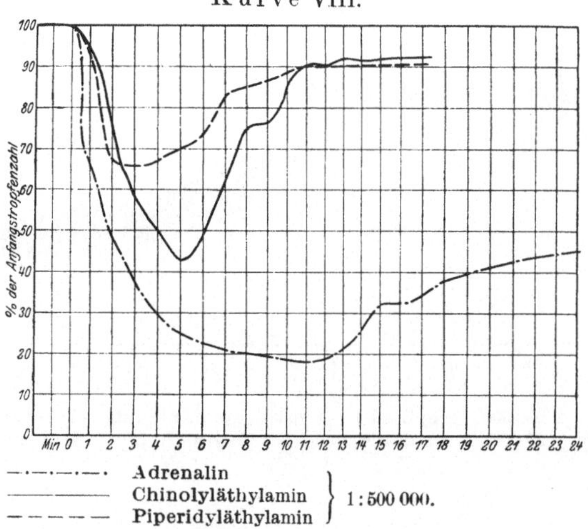

—·—·—·—· Adrenalin
——————— Chinolyläthylamin } 1 : 500 000.
— — — — — Piperidyläthylamin

C. Darmversuche.

a) Versuch 40—49.

Dünndarm eines jungen ♂ Kaninchens, Längsstreifen.

Versuch 40.

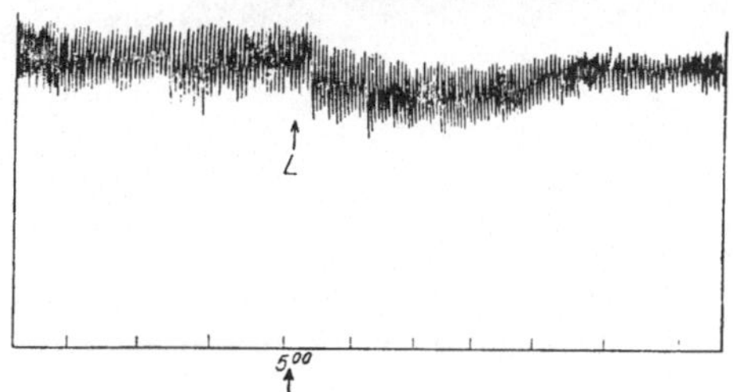

Bei *L*: Chinin 1 : 200 000. Die Kontraktionen nehmen langsam etwas ab. Der Tonus vermindert sich leicht, um bald wieder zuzunehmen.

Versuch 41.

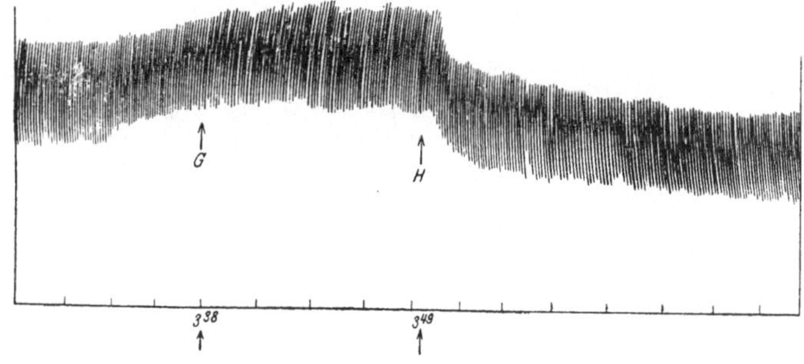

Bei *G*: Chinolin 1 : 200 000. Die Amplitude nimmt etwas zu (spontan infolge Badwechsels 3³⁰?).
Bei *H*: Chinolin 1 : 20 000. Die Amplitude nimmt nur unwesentlich ab. Der Tonus wird bald ziemlich stark vermindert.

Versuch 42.

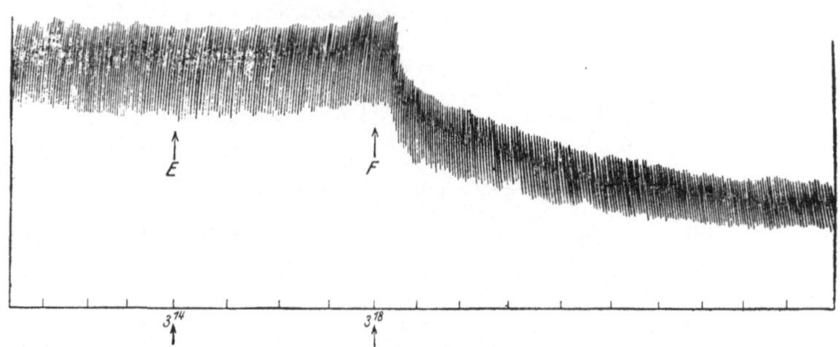

Bei *E*: Chinaldin 1:200 000. Amplitude unverändert, **Tonus nimmt, vielleicht spontan, Spur zu (?)**.
Bei *F*: Chinaldin 1:20 000. Amplitude nimmt fast **bis auf die Hälfte ab, Tonus stark vermindert.**

Versuch 43.

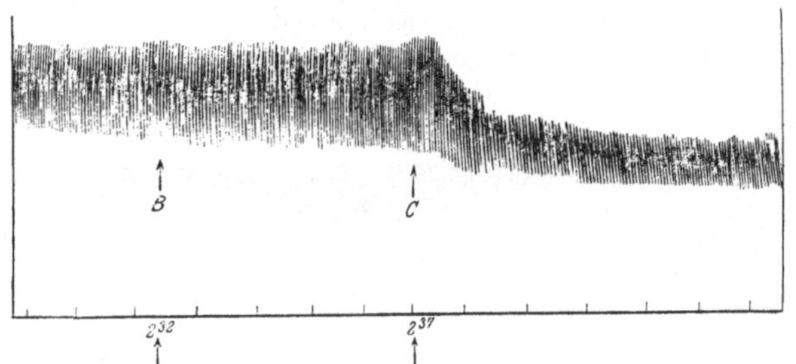

Bei *B*: Chinaldylalkin 1 : 200 000. Amplitude, vielleicht spontan, etwas größer, Tonus unverändert.
Bei *C*: Chinaldylalkin 1 : 20 000. Amplitude bis auf die Hälfte verkleinert, Tonus mäßig vermindert.

Versuch 44.

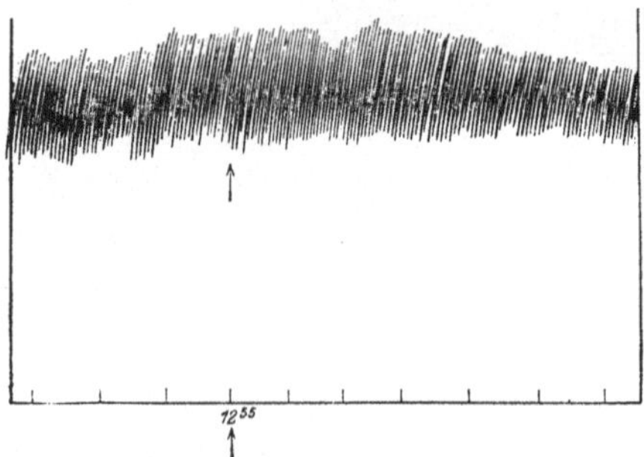

12^{55}: Chinolyläthylamin 1 : 2 000 000. Amplitude langsam verkleinert, Tonus unverändert.

Versuch 45.

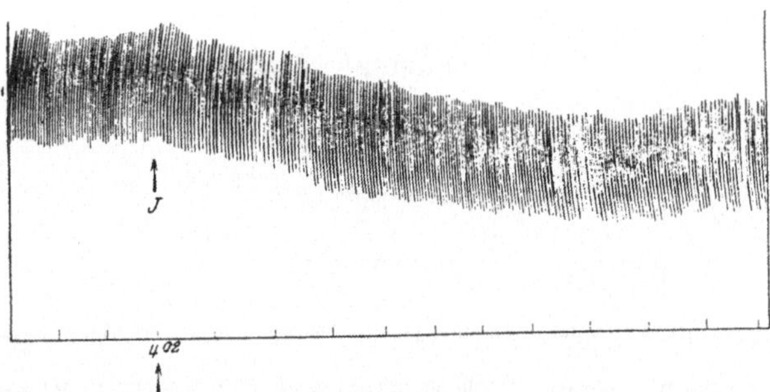

·Bei *J*: Chinolyläthylamin 1 : 200 000. Amplitude unverändert Tonus langsam ziemlich stark
abnehmend.

Versuch 46.

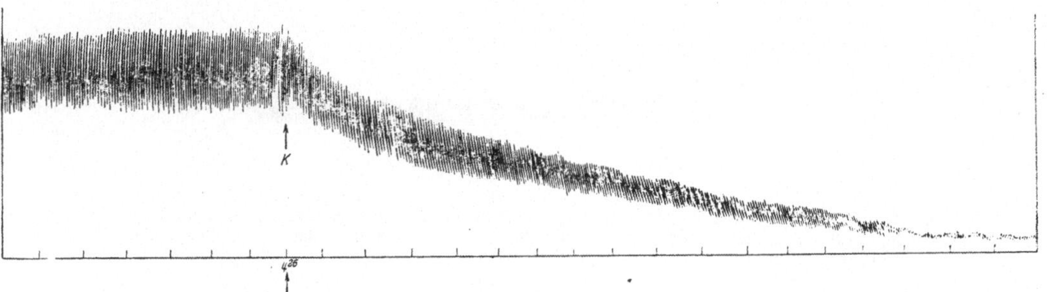

Bei *K*: Chinolyläthylamin 1 : 66 000. Amplitude nimmt allmählich fast bis zu periodischem Verschwinden ab, Tonus langsam sehr stark vermindert.

Versuch 47.

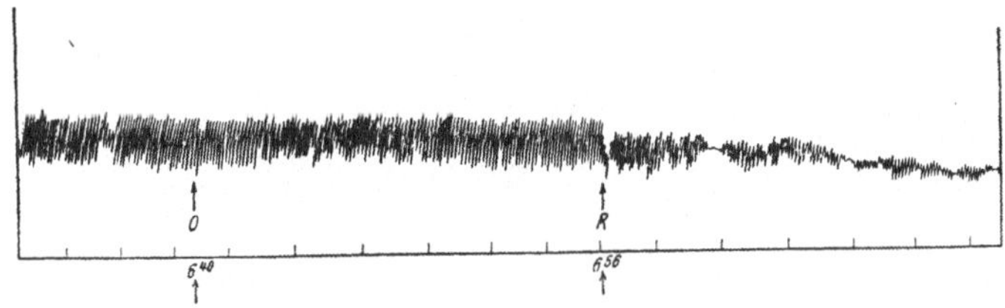

Bei *Q*: Naphthyläthylamin 1 : 200 000. Amplitude und Tonus unverändert.
Bei *R*: Naphthyläthylamin 1 : 66 000. Amplitude beträchtlich verkleinert, Tonus leicht abnehmend.

Versuch 48.

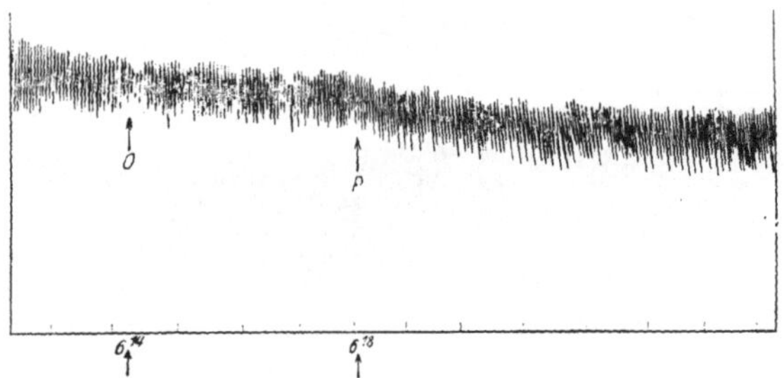

Bei *O*: Piperidyläthylamin 1 : 200 000. Amplitude nicht merklich verändert, Tonus langsam leicht abnehmend.
Bei *P*: Piperidyläthylamin 1 : 66 000. Amplitude unverändert, Tonus nimmt weiter leicht ab.

Versuch 49.

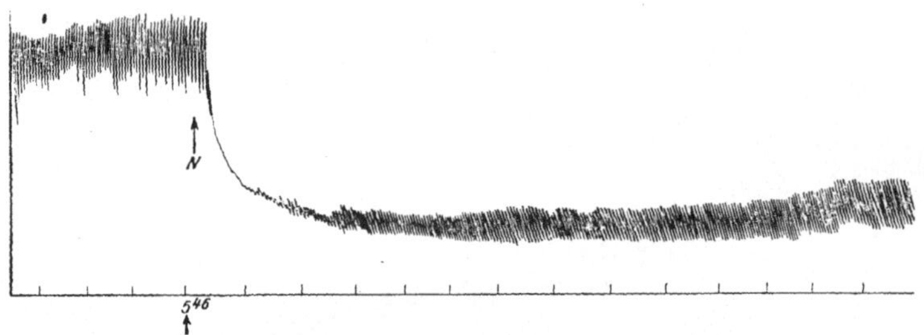

Bei *N*: Adrenalin 1 : 2 000 000. Kontraktionen verschwinden sofort fast völlig, um allmählich wieder annähernd die alte Amplitude zu erreichen. Der Tonus sinkt sofort stark (etwa gleich stark wie auf Chinolyläthylamin 1 : 66 000, Versuch 46!).

b) Versuch 50—57.

Dünndarm eines jungen ♀ Kaninchens, Längsstreifen.

Versuch 50.

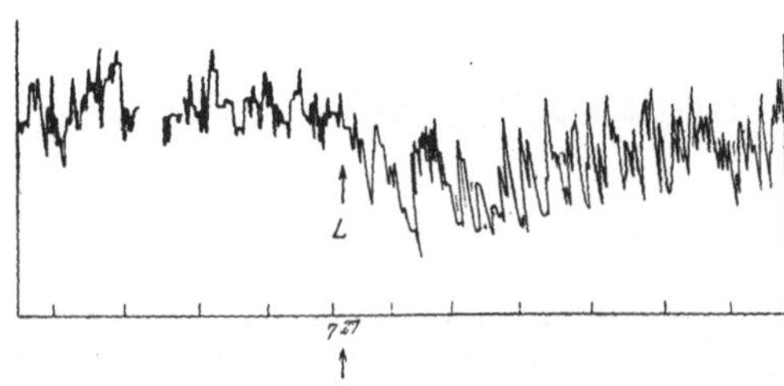

Bei *L*: Chinin 1 : 66 000. Amplitude bald deutlich zunehmend, Tonus vorübergehend mäßig stark vermindert.

Versuch 51.

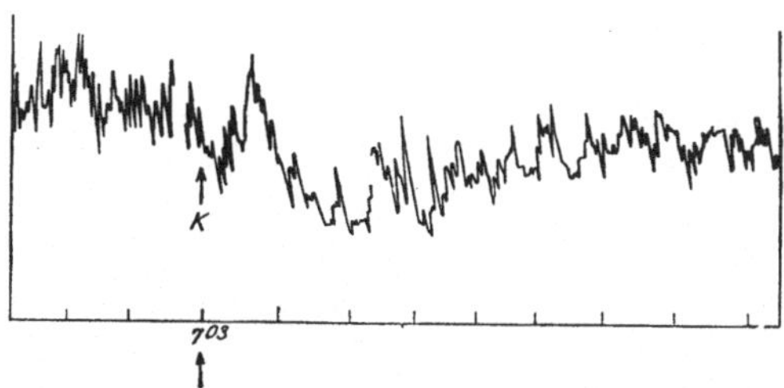

Bei *K*: Chinolin 1 : 66 000. Mittlere Amplitude verkleinert, Tonus vorübergehend mäßig stark vermindert.

Versuch 52.

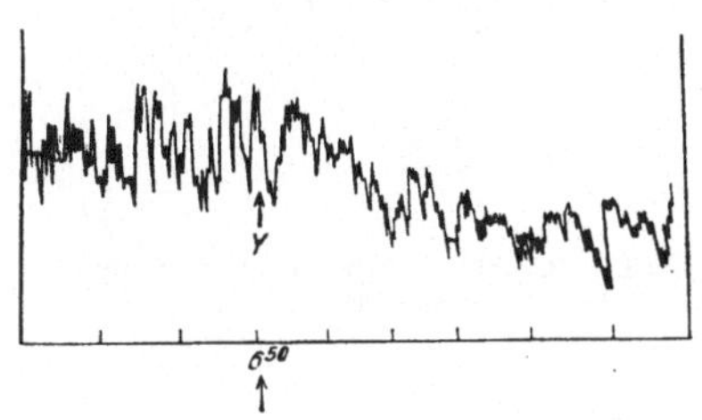

Bei *Y*: Chinaldin 1 : 66 000. Amplitude deutlich verkleinert, Tonus mäßig stark vermindert.

Versuch 53.

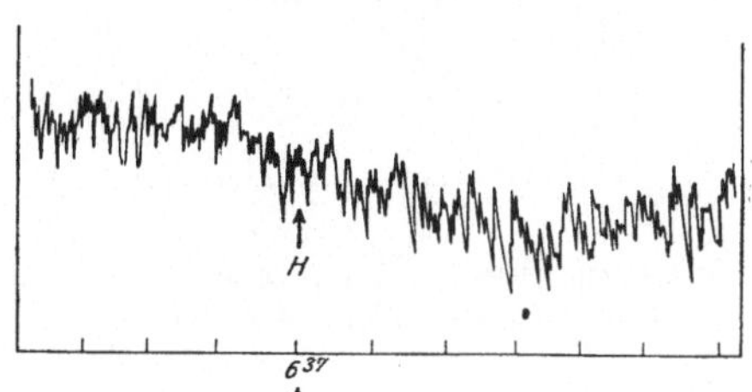

Bei *H*: Chinaldylalkin 1 : 66 000. Amplitude unverändert, Tonus mäßig vermindert, bald wieder zunehmend.

Versuch 54a.

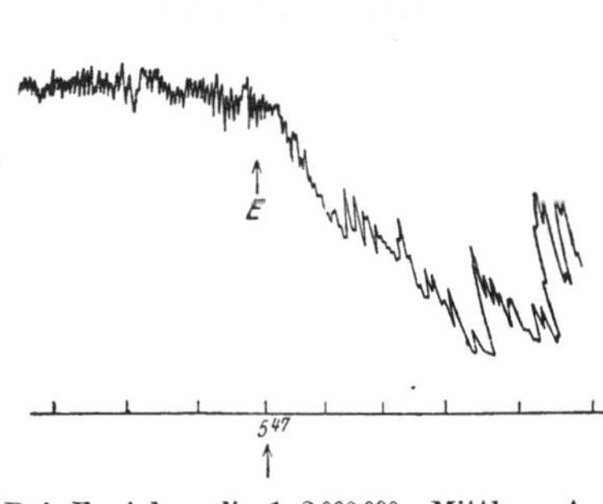

Bei *E*: Adrenalin 1 : 2 000 000. Mittlere Amplitude verkleinert, Tonus stark vermindert.

Versuch 54b.

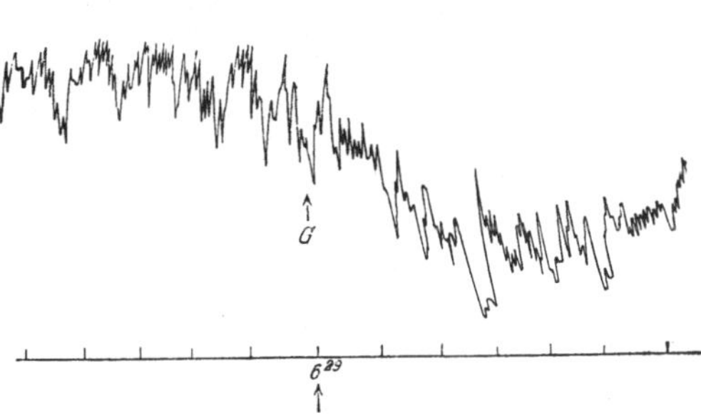

Bei *G*: Chinolyläthylamin 1 : 66 000. Mittlere Amplitude verkleinert, Tonus stark vermindert (etwa wie Adrenalin 1 : 2 000 000, s. nebenstehend).

Versuch 55.

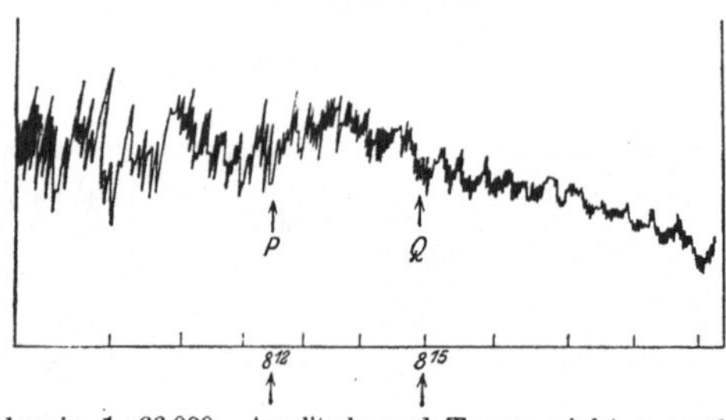

Bei *P*: Naphthyläthylamin 1 : 66 000. Amplitude und Tonus nicht wesentlich verändert.
Bei *Q*: Naphthyläthylamin 1 : 20 000. Mittlere Amplitude um mehr als die Hälfte vermindert, Tonus langsam mäßig abnehmend.

Versuch 56. Versuch 57.

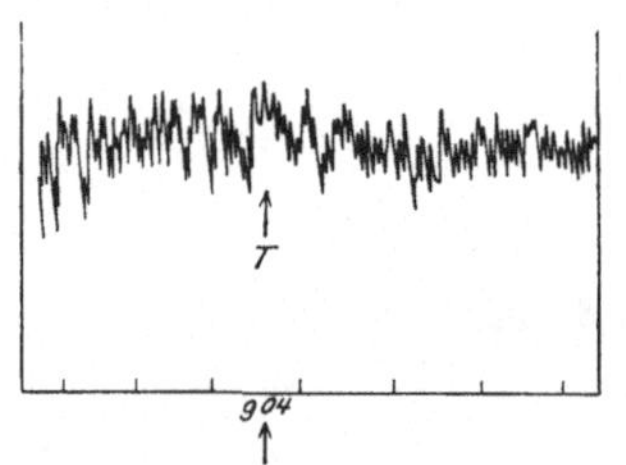 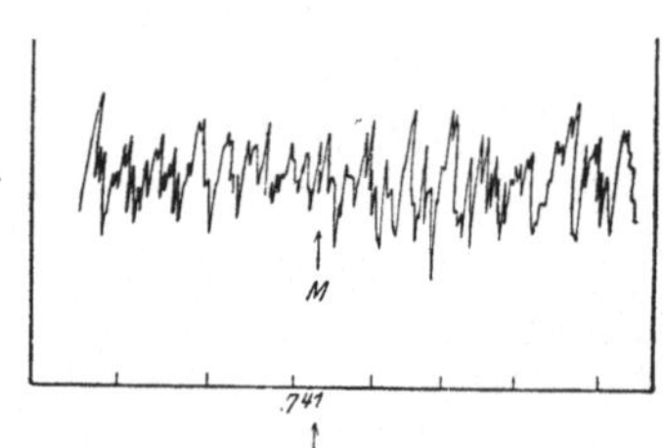

Bei *T*: Piperidyläthylamin 1 : 66 000. Amplitude und Tonus nicht wesentlich verändert. | Bei *M*: HCl 1 : 300 000. Amplitude und Tonus nicht wesentlich verändert.

c) Versuch 58 und 59.

Dünndarm eines jungen ♀ Kaninchens, Längsstreifen.
(Mit stärkerer **Vergrößerung** wie die vorhergehenden Versuche geschrieben.)

Versuch 58.

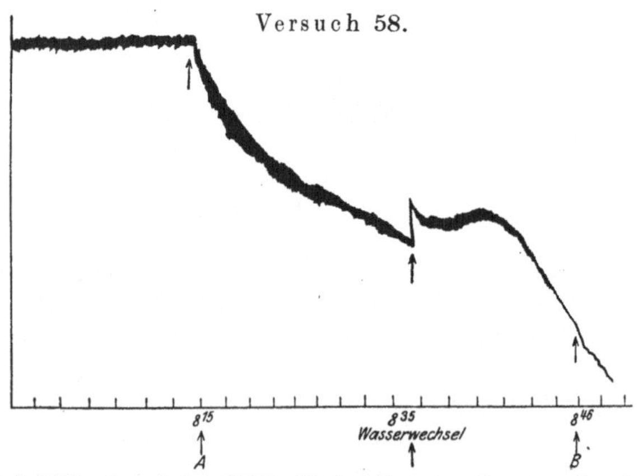

Bei *A*: Chinolyläthylamin 1 : 100 000. Kontraktionen anfangs vorübergehend vergrößert, späterhin stark verkleinert und noch nach Wasserwechsel 8³⁵ weiter fast bis **zum Ver-**
schwinden abnehmend. Tonus sofort sehr stark und langdauernd vermindert. Auch nach Wasserwechsel keine Erholung, sondern weiter **starke Abnahme.**
Bei *B*: Pituglandol 1 : 10 000. Tonus und Kontraktionen nehmen weiter stark ab.

Versuch 59.

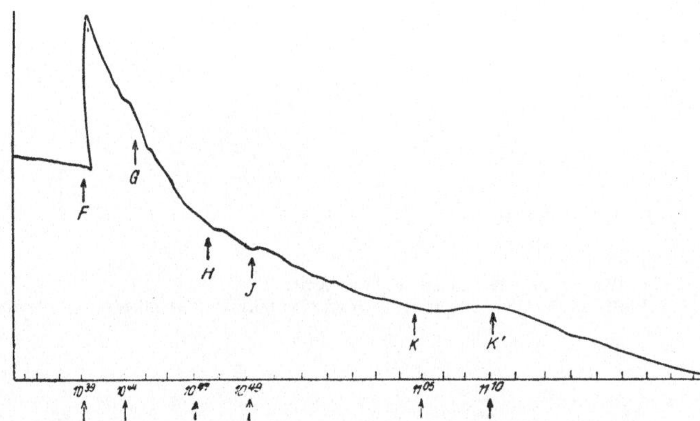

Bei *F*: Pilokarpin 1:50 000. Tonus vorübergehend stark gesteigert.
Bei *G*: Chinolyläthylamin 1:100 000. Tonus hochgradig, und zwar weit unter dem Stand vor *F* absinkend.
Bei *H* und *J*: Pilokarpin 1:50 000. Tonus vorübergehend ganz leicht in der Erschlaffung aufgehalten.
Bei *K*: g-Strophanthin 1:100 000.
Bei *K'*: g-Strophanthin 1:50 000.
 Nur geringe vorübergehende Tonussteigerung.

D. Uterusversuche.

a) Versuch 60—71.

Uterus eines trächtigen Meerschweinchens. Zwei Embryonen von etwa 15 mm Länge werden durch Aufschneiden des Uterus entfernt und ein Uterushorn in der Längsrichtung eingespannt.

Beginn 3^{30} p. m., Ende 10^{30} p. m.

Versuch 60.   Versuch 61.

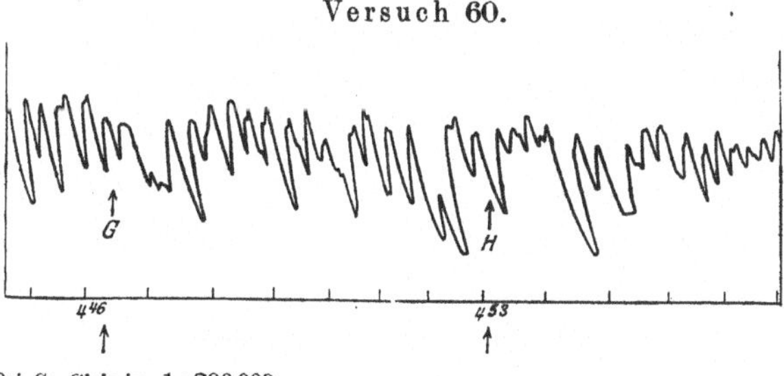

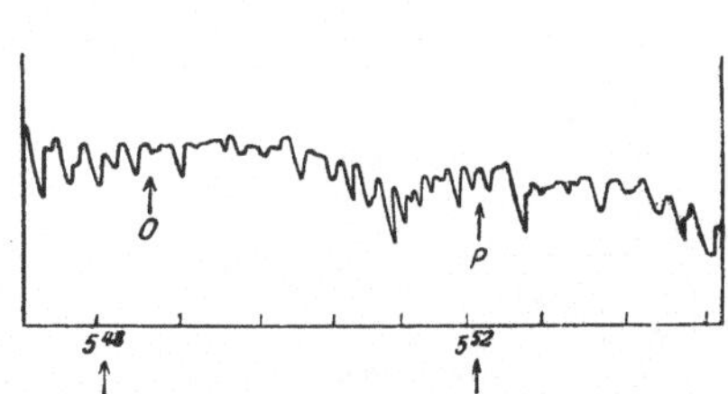

Bei *G*: Chinin 1:200 000.
Bei *H*: Chinin 1:50 000.
 Beide Male leichte Erhöhung des mittleren Tonus.

Bei *O*: Chinin 1:200 000. Leichte Tonussteigerung.
Bei *P*: Chinin 1:50 000. Tonusabnahme.

Versuch 62.

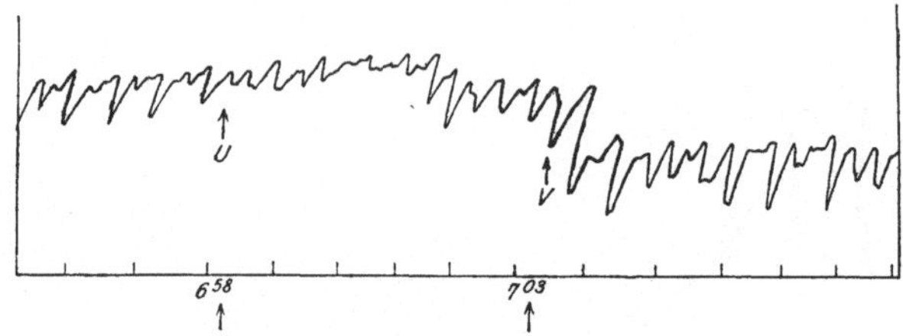

Bei U: Chinolin 1 : 200 000. Tonus leicht erhöht.
Bei V: Chinolin 1 : 50 000. Tonus sofort leicht verringert, Amplitude vergrößert.

Versuch 63.

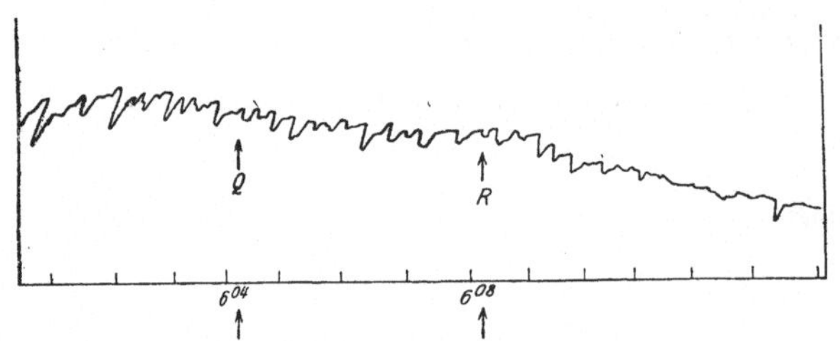

Bei Q: Chinaldin 1 : 200 000.
Bei R: Chinaldin 1 : 50 000.
  Beide Male Tonussenkung, Amplitudenverkleinerung.

Versuch 64.

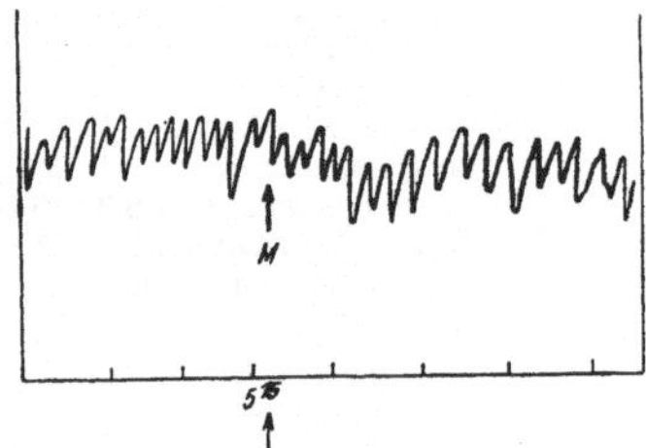

Bei M: Chinaldylalkin 1 : 50 000.
  Tonus Spur gesenkt, Amplitude
  unverändert.

Versuch 65.

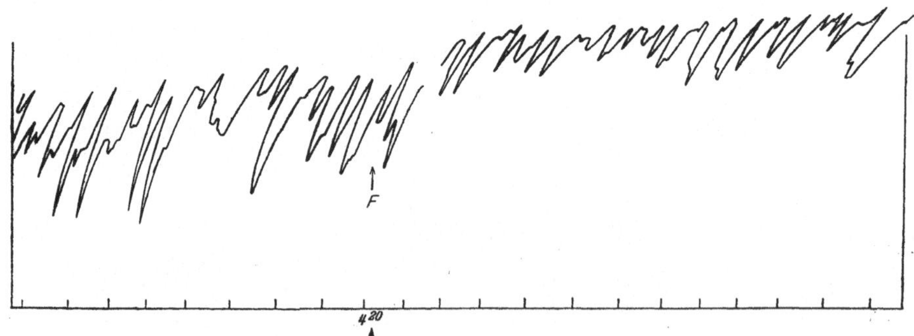

Bei F: Chinolyläthylamin 1 : 200 000. Tonus sofort stark erhöht, Amplitude verkleinert.

Versuch 66.

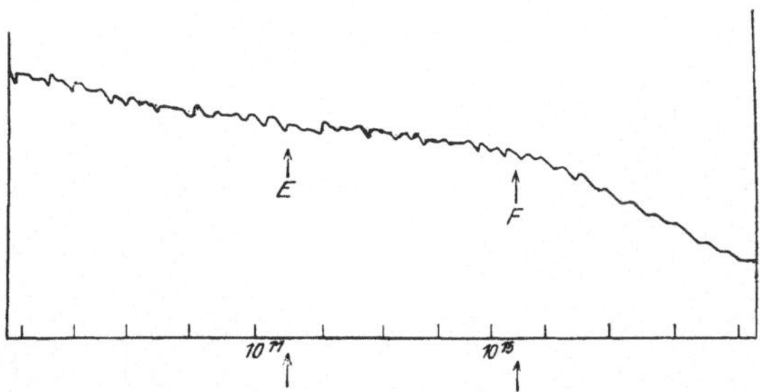

Bei *E*: Chinolyläthylamin 1 : 50 000.
Bei *F*: Chinolyläthylamin 1 : 20 000.
Nach *E* keine Änderung des schon vorher absinkenden Tonus, nach *F* starke Tonussenkung, Kontraktionen fast aufgehoben.

Versuch 67.

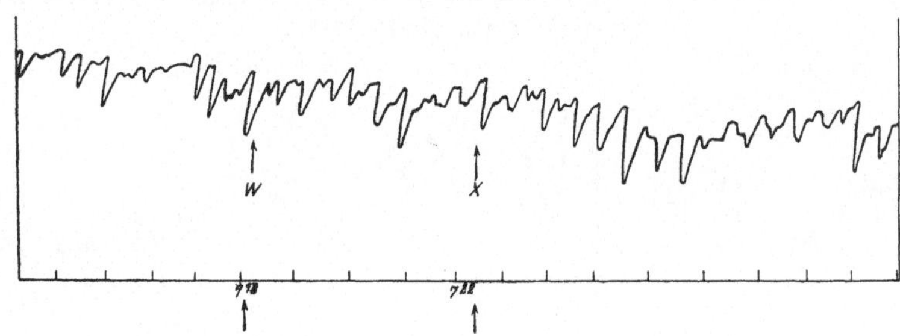

Bei *W*: Naphthyläthylamin : 1 200 000.
Bei *X*: Naphthyläthylamin 1 : 50 000.
Tonus nach *W* leicht, nach *X* deutlich herabgesetzt.

Versuch 68.

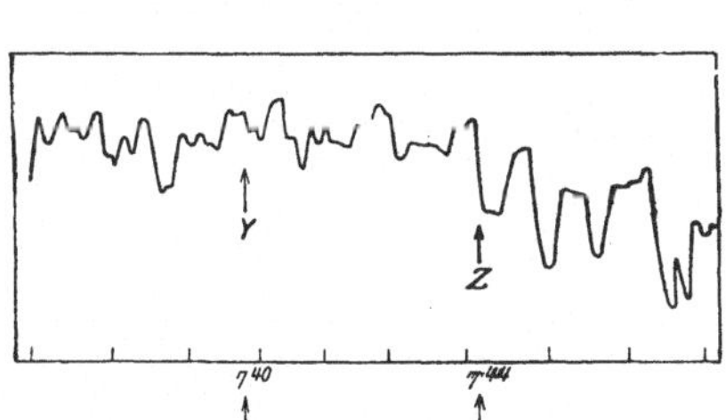

Bei *Y*: Piperidyläthylamin 1 : 200 000.
Bei *Z*: Piperidyläthylamin 1 : 50 000.
Nach *Y* keine deutliche Veränderung, nach *Z* mäßige Tonusabnahme und Amplitudenvergrößerung.

Versuch 69.

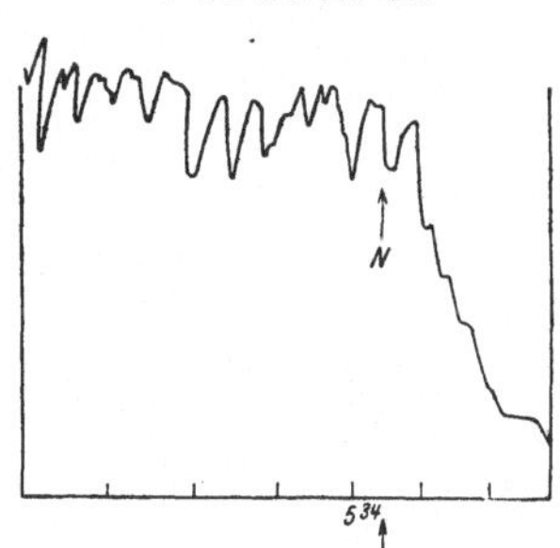

Bei *N*: Adrenalin 1 : 20 000 000.
Tonus sofort stark vermindert, Kontraktionen fast aufgehoben.

5*

Versuch 70.

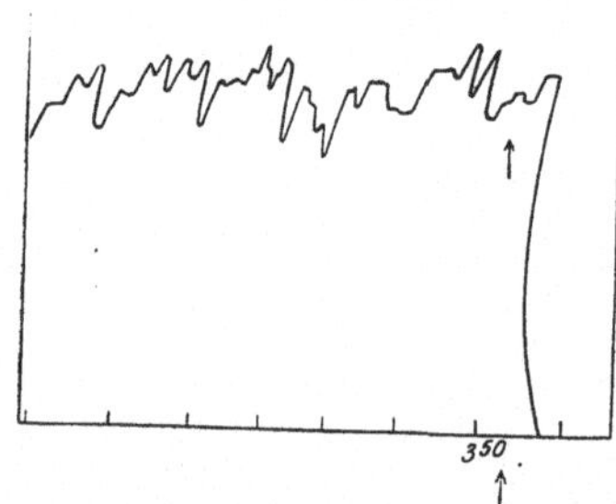

Bei *B*: Adrenalin 1 : 10 000 000.

Versuch 71.

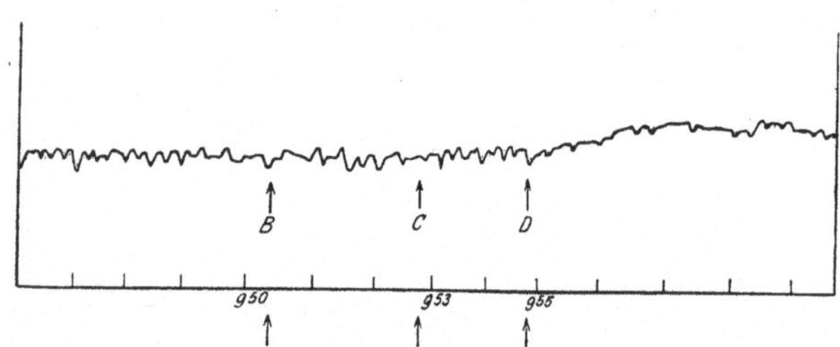

Bei *B*: Pituglandol (Roche) 1[1]) : 2 000 000.
Bei *C*: Pituglandol (Roche) 1 : 200 000.
Bei *D*: Pituglandol (Roche) 1 : 20 000.
　　Nach *B* keine, nach *C* ganz leichte (?), nach *D* mäßige Tonussteigerung.

b) Versuch 72—76.

Uterus eines trächtigen Meerschweinchens. Drei Embryonen von etwa 4 cm Länge werden entleert und ein Uterushorn in der Längsrichtung eingespannt.
Beginn 3^{20} p. m., Ende 11^{06} p. m.

Versuch 72.

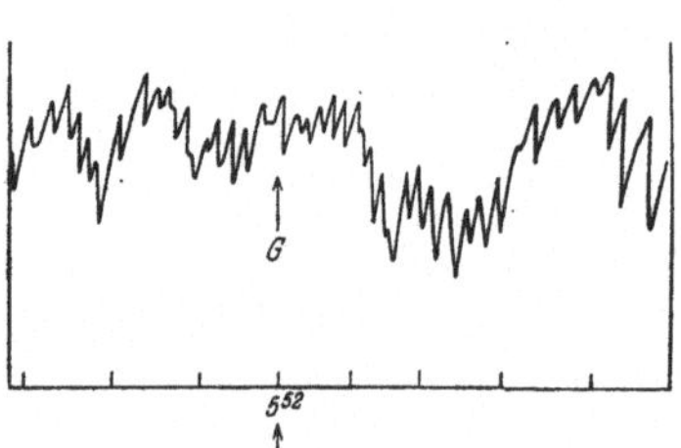

Bei *G*: Chinaldylalkin 1 : 50 000. Tonus vorübergehend mäßig vermindert, Amplitude unverändert.

Versuch 73.

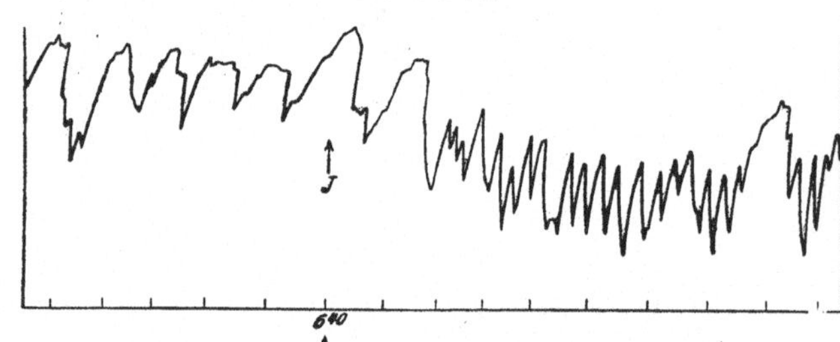

Bei *J*: Chinaldylalkin 1 : 20 000. Starke Tonussenkung, Frequenzvermehrung.

Versuch 74.

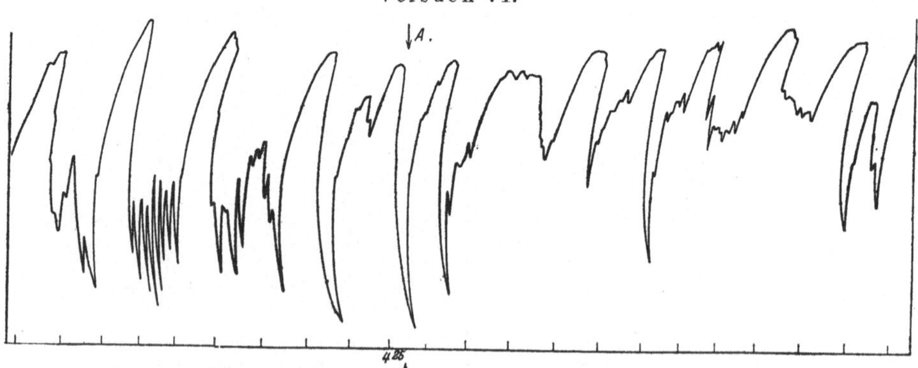

Bei *A*: Chinolyläthylamin 1 : 200 000. Tonussteigerung, Erschlaffung unvollständig.

---

[1]) 1 = 1 g Drüsensubstanz.

Versuch 75.

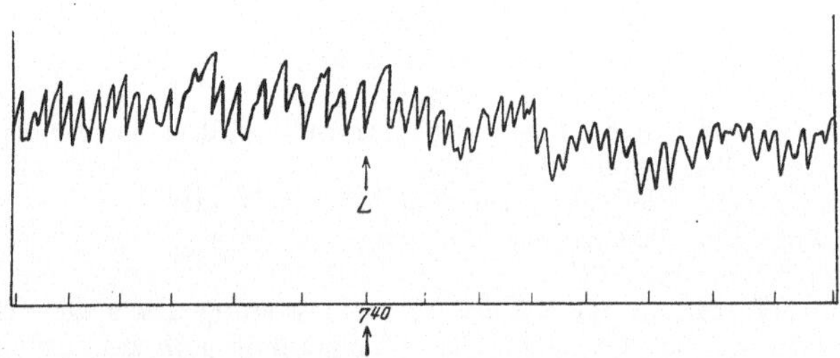

Bei *L*: Chinolyläthylamin 1 : 20 000.   **Mäßig** deutliche, stufenförmige Tonusabnahme mit Amplitudenverkleinerung.

Versuch 76.

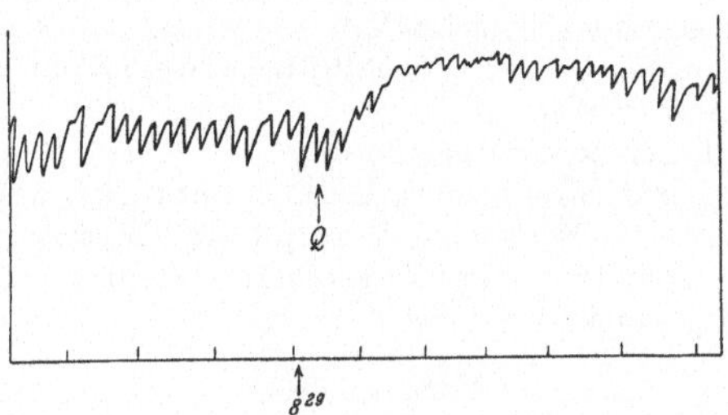

Bei *Q*: Pituglandol 1 : 10 000.   Tonuserhöhung mit Amplitudenverkleinerung.

c) Versuch 77.

Uterus eines trächtigen Meerschweinchens.   Dasselbe **Tier** wie in Versuch II.
Ein **R**ingstreifen aus dem **zweiten Uterushorn**, quer über die Placentarstelle
gehend, in der Querrichtung eingespannt.

Beginn 4^{30} p. m., Ende 11^{00} p. m.

Versuch 77.

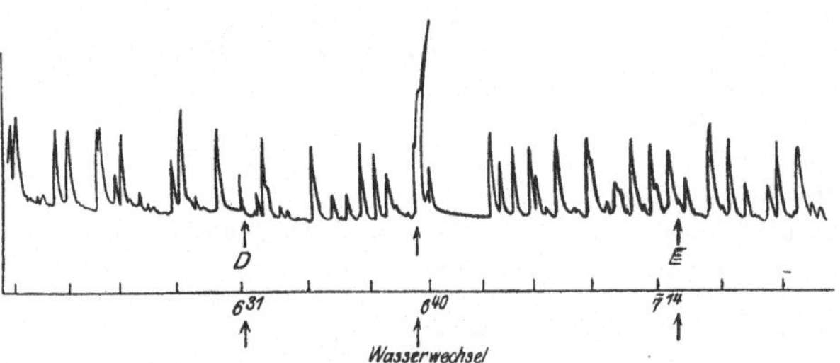

Bei *D*: Piperidyläthylamin 1 : 50 000.
Bei *E*: Piperidyläthylamin 1 : 20 000.
Keine deutliche Wirkung.

E. Froschversuche.

Versuch 78.
Rana esculenta 48 g.

Zeit Std. Min.		Beobachtungen
12	57	Injektion von 0,015 g Piperidyläthylamin = 0,31 mg pro g Körpergewicht in den Oberschenkellymphsack.
1	07	Ganz lebhaft, bleibt aber auf dem Rücken liegen.
1	10	Reagiert sehr schlecht auf Schmerzreize.
1	20	Reagiert fast gar nicht.
2	10	Keine spontanen Bewegungen, Reflexbewegungen sehr abgeschwächt.
3	15	Die Atmung hat aufgehört, das Herz schlägt noch kräftig.

Versuch 79.
Rana esculenta 34 g.

		Beobachtungen
12	53	Injektion von 0,015 g Naphthyläthylamin = 0,44 mg pro g Körpergewicht in den Oberschenkellymphsack.
1	08	Bleibt auf dem Rücken liegen, behält überhaupt alle ihm gegebenen Stellungen; reagiert mäßig.
1	20	Reagiert auf Schmerzreiz mit Sprung.
2	10	Reagiert noch gut (Streichreflex). Keine spontanen Bewegungen; Schwimmhäute gespreizt, Vorderbeine krampfhaft abgestreckt.
3	15	Bewegungen sehr träge. Das Herz schlägt langsam, aber kräftig; Atropin beschleunigt nicht wesentlich.

Versuch 80.
Rana esculenta 46 g.

		Beobachtungen
12	55	Injektion von 0,030 g Chinolyläthylamin = 0,65 mg pro g Körpergewicht in den Oberschenkellymphsack.
1	05	Läßt sich auf den Rücken legen, reagiert schlecht auf Reize, die Beine bleiben abgestreckt.
1	10	Bleibt bewegungslos auf dem Rücken liegen.
1	17	Seltene, aber gut koordinierte, spontane Bewegungen.
1	25	Auf Schmerzreiz nur schwache Reaktion.
2	10	Keinerlei spontane oder reflektorische Bewegungen. Das Herz schlägt noch.

F. Mäuseversuche.

Versuch 81.
Graue Maus 11,5 g.

		Beobachtungen
11	47	Subkutane Injektion von 0,005 g Piperidyläthylamin = 0,43 mg pro g Körpergewicht.
11	53	Sehr frequente Atmung.
12	20	Sehr gesteigerte Erregbarkeit bei allen Arten von Reizen, Schwanz in Streckstellung.
12	25	Liegt mit dem Kopf auf der Seite, krampfhafte verlangsamte Atmung, schlaffe Lähmung. Reize werden noch gut perzipiert.
12	27	Spontane Bewegungen sehr unsicher, zittrig, mit abrutschenden Extremitäten. Atmung sehr verlangsamt.
12	28	Behält Rückenlage bei. Sensorium anscheinend noch frei.
12	32	Ängstliches Herumrutschen, plötzlicher Sprung in Seitenlage, klonische Zuckungen. Atemstillstand, Exitus.

Versuch 82.
Graue Maus 14 g.

Zeit Std. Min.			Beobachtungen

6 00 p. m. Subkutane Injektion von 0,0025 g Piperidyläthylamin = 0,17 mg pro g Körpergewicht.

6 10 Sehr lebhaft und leicht reflexerregbar.

6 15 Wird etwas träger, Reflexe nicht mehr so lebhaft, bleibt ruhig sitzen und zittert.

6 30 Wieder sehr lebhaft, springt im Glase herum und versucht, wegzulaufen; sehr leicht erregbar.

7 15 Noch sehr lebhaft, reagiert prompt auf Schmerzreize; Schwanz gestreckt.

8 30 Ohne besonderen Befund.

6 00 (Zweiter Versuchstag) Bewegungen sehr träge; gegen akustische und Schmerzreize überempfindlich.

Wird am nächsten Morgen (dritter Versuchstag) in Seitenlage tot vorgefunden.

Versuch 83.
Graue Maus 18 g.
Beobachtungen

11 45 a. m. Subkutane Injektion von 0,005 g Naphthyläthylamin = 0,27 mg pro g Körpergewicht.

11 50 Sehr frequente Atmung.

12 15 p. m. Sehr gesteigerte Erregbarkeit. Abwehrbewegungen sehr lebhaft. Schwanz gerade gestreckt, oft senkrecht erhoben.

1 20 Sehr lebhaft und beweglich.

4 40 Bewegungen etwas träge, sonst ohne Befund.

5 15 Bewegungen sehr träge; liegt auf dem Bauch, zeigt keine Fluchtreflexe mehr, reagiert schlecht auf Reize.

5 17 Bleibt auf dem Rücken liegen; Atmung stark verlangsamt.

5 20 Atemstillstand. Das Herz schlägt noch ganz selten.

Versuch 84.
Graue Maus 15 g.
Beobachtungen

5 44 p. m. Subkutane Injektion von 0,010 Naphthyläthylamin = 0,66 mg pro g Körpergewicht.

5 46 Sehr lebhaft, Atmung beschleunigt.

5 57 Reagiert gut auf Schmerz- und akustische Reize.

6 00 Noch sehr lebhaft, Reflexe etwas schwächer.

6 20 Bleibt sitzen, kann nicht mehr auf den Beinen stehen, rutscht auf dem Bauch. Atmung stark verlangsamt.

6 25 Plötzlicher Sprung, fällt auf die Seite; klonische Zuckungen der Extremitäten- und Gesichtsmuskulatur. Atemstillstand. Exitus. Das Herz schlägt noch ganz vereinzelt.

Versuch 85.
Graue Maus 15 g.
Beobachtungen

11 50 a. m. Subkutane Injektion von 0,005 g Chinolyläthylamin = 0,33 mg pro g Körpergewicht.

11 56 Sehr frequente Atmung.

12 25 p. m. Gesteigerte Erregbarkeit, lebhafte Abwehr- und Fluchtbewegungen. Schwanz in Streckstellung.

Zeit Std. Min.		Beobachtungen

1 20 p. m. Bewegungen etwas träge.

4 40 Bewegungen etwas träge.

5 25 Spontane Bewegungen sehr träge; reagiert schlecht auf Schmerzreize, läuft nicht mehr fort. Gang humpelnd. Rückenlage wird
noch nicht ertragen.

5 52 Wieder ziemlich lebhaft, versucht wegzulaufen; reagiert mäßig auf
Schmerzreize.

6 20 Atmung sehr verlangsamt; läuft unbeholfen, reagiert schlecht.

6 35 Sehr träge, kann sich schlecht auf den Beinen halten, besonders
hintere Extremitäten schwach, zittert. Atmung sehr unregelmäßig.

7 15 Sehr träge, reagiert nur schwach. Hinterbeine tragunfähig.

8 00 Für akustische Reize überempfindlich.

8 30 Zittert stark; überempfindlich; bei Schmerzreizen nur geringe Bewegungen. Hinterbeine völlig kraftlos.

Wird am nächsten Morgen in Seitenlage tot aufgefunden.

Versuch 86.

Graue Maus. 16 g.

Beobachtungen

5 08 p. m. Subkutane Injektion von 0,010 g Chinolyläthylamin = 0,62 mg pro g
Körpergewicht.

5 20 Sehr lebhaft, gesteigerte Erregbarkeit, Schwanz gestreckt.

5 30 Erregbarkeit immer noch sehr gesteigert.

5 40 Plötzlich bedeutend träger, zittert.

5 45 Läuft nicht mehr fort; kann sich schlecht auf den Beinen halten,
reagiert schwach auf Schmerzreize.

6 35 Zittert; Atmung verlangsamt; reagiert sehr schlecht.

7 15 Sehr träge, unempfindlich gegen Schmerzreize. Atmung verlangsamt.

8 00 Für akustische Reize unterempfindlich.

8 30 Sehr träge, Reflexe stark abgeschwächt.

Wird am nächsten Morgen tot vorgefunden.

G. Gärungsversuche.

Versuch 87.

Je: 0,5 g Biozyme + 3 ccm Ringerlösung

+ 1 ccm Giftlösung. Nach 2 std. Vorbehandlung 5 ccm
1 proz. Traubenzuckerlösung. Auffangen der CO_2 über angesäuertem Wasser.

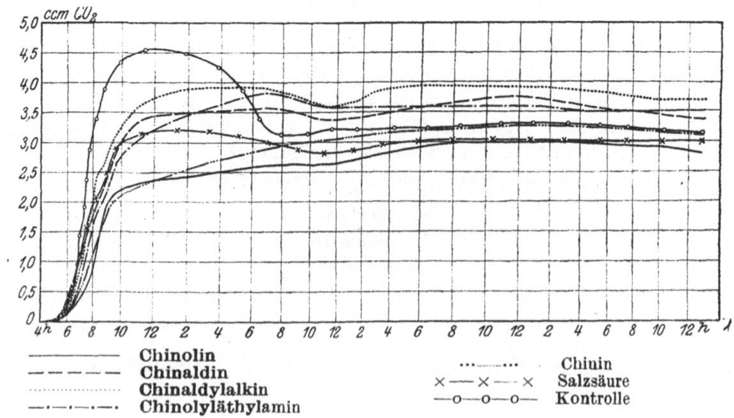

Versuch 88.

Je: 0,5 g Biozyme + 3 bzw. 2 ccm Ringerlösung
+ 1 ccm 2 proz. bzw. 2 ccm 1 proz. Giftlösung. Nach 3 std.
Vorbehandlung 5 ccm 2 proz. Traubenzuckerlösung. Auffangen der CO_2 über Öl.

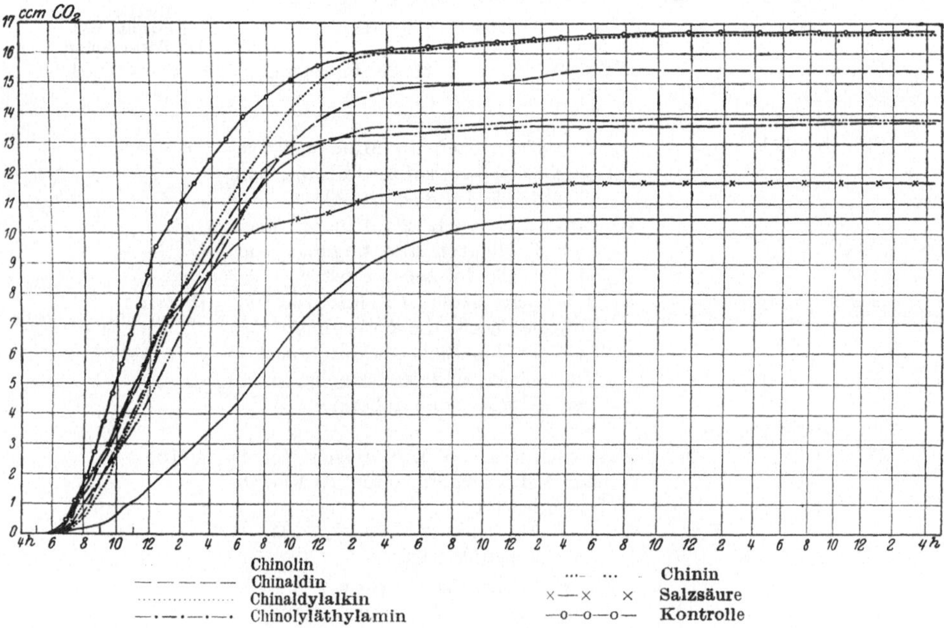

Versuch 89.

Je: 0,5 g Biozyme + 2 ccm Ringerlösung
+ 2 ccm 1 proz. Giftlösung. Nach 3 std. Vorbehand-
lung 5 ccm 2 proz. Traubenzuckerlösung. Auffangen der CO_2 über Öl.

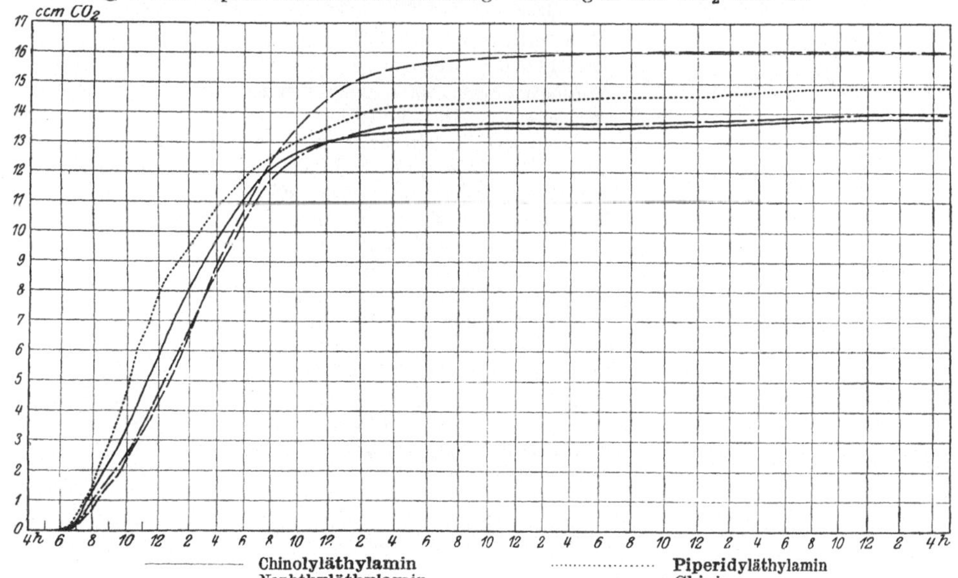

H. Protozoenversuche.

Versuch 90.

Zugesetzte Lösung 0,05 proz.
Konzentration in der Mischung 1 : 4000.

Substanzen	Beobachtete Vorgänge	Mittlere Abtötungszeit für Paramäcien
Chinolin	Nach 48 Std. noch träge Bewegung.	Mehr als 48 Std.
Chinaldin	„	„
Chinaldylalkin	„	„
Chinolyläthylamin	a) Paramäcien nach 25 Min. meist kugelig, Kolpidien größtenteils tot. Nach 40 Min. alle Infusorien tot. b) Paramäcien nach 20 Min. teilweise, nach 30 Minuten alle kugelig. Nach 35 Min. alle Infusorien tot.	30 Min.
Naphthyläthylamin	a) Paramäcien nach 15 Min. kugelig, Kolpidien noch gut beweglich. b) Nach 10 Min. Blasenbildung, nach 15 Min. alle Paramäcien kugelig, Kolpidien teilweise noch lebend.	15 Min.
Piperidyläthylamin	—	—
Chinin	Paramäcien nach 5 Min. flaschenförmig nach 8 Min. kugelig, nach 20 Min. alle Infusorien tot.	8 Min.

Versuch 91.

Zugesetzte Lösung 0,1 proz.
Konzentration in der Mischung 1 : 2000.

Substanzen	Beobachtete Vorgänge	Mittlere Abtötungszeit für Paramäcien
Chinolin	a) Paramäcien nach 30 Std. sehr träge. b) Paramäcien nach 30 Std. sehr träge, nach 48 Std. leblos unförmig, grob granuliert.	Zwischen 30 und 48 Std.
Chinaldin	a) Paramäcien nach 30 Std. sehr träge, nach 48 Std. teilweise noch schwach beweglich, teilweise leblos, gequollen, mit großer, contractiler Vakuole.	ca. 48 Std.
Chinaldylalkin	Paramäcien nach 30 Std. sehr träge, mit großer Vakuole, nach 48 Std. alle ohne Bewegung, unförmig, grob granuliert.	Zwischen 30 und 48 Std.
Chinolyläthylamin	a) Nach 20 Min. vereinzelt Kugelbildung (wenig Blasenbildungen). Nach 25 Min. Paramäcien größtenteils kugelig, nach 40 Min. alle Infusorien tot. b) Blasenbildung nach 20 Min., Kugelbildung nach 25 Min., nach 30 Min. alle Infusorien tot bis auf 2 Vorticellen, die noch 5 Stunden in träger Bewegung sind.	25 Min.
Naphthyläthylamin	a) Nach 8 Min. Blasenbildung, nach 10 Min. Kugelbildung, nach 17 Min. alle Infusorien tot.	

Substanzen	Beobachtete Vorgänge	Mittlere Abtötungszeit für Paramäcien
	b) Nach 9 Min. Blasenbildung, nach 10 Min. Kugelbildung, Kolpidien meist ohne Bewegung.	10 Min.
Piperidyläthylamin	Nach 22 Std. noch träge Bewegungen, nach 27 Std. Paramäcien kugelig.	Zwischen 22 und 27 Std.
Chinin	a) Paramäcien nach 1 Min. unbeweglich teilweise schon mit Blasenbildung. Nach 3 Min. meist kugelig.	4 Min.
	b) Nach 2 Min. Blasenbildung, nach 4—5 Min. Kugelbildung.	

Versuch 92.

Zugesetzte Lösung 0,2 proz.
Konzentration in der Mischung 1 : 1000.

Substanzen	Beobachtete Vorgänge	Mittlere Abtötungszeit für Paramäcien
Chinolin	a) Nach 40 Min. vorübergehend träge, nach 24 Std. noch gute Bewegung.	Mehr als 24 Std.
	b) „	„
Chinaldin	a) und b) „	Mehr als 24 Std.
Chinaldylalkin	a) „	Mehr als 24 Std.
	b) Paramäcien infolge Eintrocknung unbeweglich, werden durch Wasserzusatz bald wieder lebendig.	
Chinolyläthylamin	a) Paramäcien nach 3 Min. teilweise ohne Bewegung, nach 20 Min. Kugelbildung, nach 25 Min. teilweise im Zerfall.	20 Min.
	b) Flagellaten nach 2 Min. ohne Bewegung, Paramäcien nach 20 Min. größtenteils kugelig, nach 25 Min. alle Infusorien tot.	
Naphthyläthylamin	a) Flagellaten nach 2 Min. ohne Bewegung, Paramäcien nach 5 Min. flaschenförmig, nach 6—7 Min. kugelig.	6 Min.
	b) Paramäcien nach 6 Min. kugelig.	
Piperidyläthylamin	a) Nach 24 Std. Paramäcien vereinzelt ohne Bewegung, gequollen und kugelig, teilweise noch in träger Bewegung.	ca. 24 Std.
Chinin	Nach 2 Min. Blasenbildung, nach 3 Min. Kugelbildung, Kolpidien nach 4 Min. größtenteils tot.	3 Min.

Versuch 93.

Zugesetzte Lösung 1 proz.
Konzentration in der Mischung 1 : 200.

Substanzen	Beobachtete Vorgänge	Mittlere Abtötungszeit für Paramäcien
Chinolin	a) Paramäcien nach 3 Min. ohne Bewegung, Flagellaten noch leicht zuckend (keine Kugelbildung).	3 Min.
	b) „	

Substanzen	Beobachtete Vorgänge	Mittlere Abtötungszeit für Paramäcien
Chinaldin	a) Paramäcien nach 10 Min. träge, nach 16 Min. teilweise, nach 20 Min. alle ohne Bewegung. Vereinzelt Blasenbildung. b) Paramäcien nach 20 Min. ohne Bewegung.	20 Min.
Chinaldylalkin	a) Paramäcien nach 5 Min. träge, nach 10 Min. meist ohne Bewegung, nach 15 Min. vereinzelt Kugelbildung. b) Flagellaten nach 8 Min., Paramäcien nach 10 Min. ohne Bewegung.	10 Min.
Chinolyläthylamin	Paramäcien sofort ohne Bewegung, keine Kugelbildung.	Sofort
Naphthyläthylamin	„	„
Piperidyläthylamin	Paramäcien nach 2 Std. träge mit großer Vakuole, nach 20 Std. meist unförmig - kugelig, grobdunkel granuliert. Einzelne Exemplare sowie ein Teil der Kolpidien noch in träger Bewegung.	ca. 20 Std.
Chinin	Paramäcien sofort ohne Bewegung, keine Blasen- oder Kugelbildung.	Sofort

Versuch 94.

Zugesetzte Lösungen 2 proz.
Konzentration in der Mischung 1 : 100.

Substanzen	Beobachtete Vorgänge	Mittlere Abtötungszeit für Paramäcien
Chinolin	a) Alle Infusorien sofort ohne Bewegung. Keine Kugelbildung der Paramäcien, nur Quellung und grobe Granulierung. Erst nach 30 Min. teilweise Schrumpfung zu kugelähnlich. Gestalt. b) Paramäcien sofort ohne Bewegung.	Sofort
Chinaldin	a) Paramäcien nach 12 Min. größtenteils, nach 15 Min. alle ohne Bewegung. Flagellaten eigentümlich agglutiniert. Noch leicht zitternd. b) Paramäcien nach 15 Min. ohne Bewegung.	15 Min.
Chinaldylalkin	a) Paramäcien nach 3 Min. ohne Bewegung. Kolpidien noch schwach bewegl. b) „	3 Min.
Chinolyläthylamin	a) und b) Paramäcien sofort ohne Bewegung.	Sofort
Naphthyläthylamin	a) und b) „	„
Chinin	a) und b) „	„
(Piperidyläthylamin)	Nicht untersucht.	

Literaturverzeichnis.

1. Ackermann, Zeitschr. f. physiol. Chemie **65**, 504. 1910.

2. Adler, L., Berliner klin. Wochenschr. 1913, S. 969.

3. Bäcker, Deutsche med. Wochenschr. 1905, S. 417.

4. Barger und Dale, Journ. of Physiol. **38**, 1909. **40**, 1910.

5. Biach und Loimann, Versuche über die physiol. Wirkung des Chinolins. Archiv f. Anat. u. Physiol. **86**, 456. 1881.

6. Binz, Experiment. Untersuchungen über das Wesen d. Chininwirkung 1868, S. 17.

7. — Über die Wirkung antiseptischer Stoffe auf die Infusorien der Pflanzenjauche. Zentralbl. f. d. med. Wiss. 1867, S. 308.

8. — Über Chinin und die Malariaamöbe. Berliner klin. Wochenschr. 1891, S. 43.

9. Buchholtz, Archiv f. experim. Path. u. Pharmakol. **4**, 53. 1875.

10. Conitzer, Archiv f. Gynäkol. **82**. 1907.

11. Donath, Physiologische und physiologisch-chemische Wirkungen des Chinolins. Berichte der deutsch. chem. Gesellsch. **14**, 178. 1881.

12. — Beiträge zu den physiologischen Wirkungen und den chem. Reaktionen des Chinolins. Berichte der deutsch. chem. Gesellsch. **14**, 1769.

13. Engel, Beiträge zur Arzneimittellehre **89**. 1849.

14. Fränkel, Arzneimittelsynthese, 3. Aufl.

15. Grethe, Über die Wirkung verschiedener Chininderivate auf Infusorien. Archiv f. klin. Med. **56**. 189.

16. Jennings, Die niederen Organismen.

17. Jodlbauer und Fürbringer, Über die Wirkungen des γ-Phenylchinaldins und des Methylphosphins. Archiv f. klin. Med. **59**, 154.

18. Kaufmann, Berichte d. deutsch. chem. Gesellschaft **45**, 1805; **46**, 2913; **49**, 2299.

19. Kehrer, Physiologische und pharmakologische Untersuchungen an den überlebenden inneren Genitalien. Archiv f. Gynäkol. **81**, 160.

20. Kobert, Lehrbuch der Intoxikationen, 2. Aufl.

21. Koch, Mitteilungen aus dem Reichsgesundheitsamt I.

22. Krawkow und Bissemski, Zeitschr. f. d. ges. experim. Medizin 1913, S. 355.

23. Kurdinowski, Klinische Würdigung einiger experim. Ergebnisse, beziehentlich der Physiologie der Uteruskontraktion. Archiv f. Gynäkol. **78**, 34.

24. Läwen und Trendelenburg, Archiv f. experim. Path. u. Pharmakol. **51**, 415. **63**, 161.

25. Liebig, Über die Gärung und die Quelle der Muskelkraft. Annalen der Chemie **153**, 152.

26. Magnus, Archiv f. d. ges. Physiol. 1905, S. 108.

27. Mannaberg, Über die Wirkung von Chininderivaten und Phosphinen bei Malariafiebern. Archiv f. klin. Med. **59**, 185.

28. Maurer, Deutsche med. Wochenschr. 1907, S. 173.

29. Meyer und Gottlieb, Lehrbuch der experim. Pharmakologie, 3. Aufl.

30. Moore und Trow, Journ. of Physiol. **22**. 1898.

31. Morgenroth und Halberstaedter, Über die Beeinflussung der experim. Trypanosomeninfektion durch Chinin. Sitzungsber. d. Kgl. Preuß. Akad. d. Wiss. Berlin 1910, S. 732. 1911, S. 30.

32. Niculescu, Zeitschr. f. experim. Path. u. Ther. **15**, 1. 1912.

33. Peyer, Sur la synthèse de la néoquine. Diss. Genf 1914.

34. Poulsson, Lehrbuch der Pharmakologie, 3. Aufl.

35. Santesson, Über die Wirkung einiger China-Alkaloide auf das isol. Froschherz und den Blutdruck des Kaninchens. Archiv f. experim. Path. u. Pharmakol. **32**, 321.

36. Sugimoto, Archiv f. experim. Path. u. Pharmakol. **74**, 26. 1913.

37. Tappeiner, Über die Wirkung der Phenylchinoline und Phosphine auf niedere Organismen. Archiv f. klin. Med. **56**, 369.

38. — Archiv f. klin. Med. **59**. 154.

39. Thielemann, Die physiol. Wirkung des Piperidins. Diss. Marburg 1896.

40. Trendelenburg, P., Archiv f. experim. Path. u. Pharmakol. **81**, 55. 1917.

Lebenslauf.

Am 8. November 1892 zu Marburg a. L. geboren, besuchte ich die
Oberrealschule mit Reformrealgymnasium daselbst und bestand Ostern
1912 die Reifeprüfung. Ich widmete mich dem Studium der Medizin,
vom Sommersemester 1912 bis Sommersemester 1913 in Freiburg i. B.,
vom Wintersemester 1913/14 bis Sommersemester 1914 in Marburg,
wo ich im Juli 1914 die ärztliche Vorprüfung ablegte. Bei Kriegsaus-
bruch trat ich als Freiwilliger ein, kam infolge Verwundung aus dem
Felde zurück und setzte meine Studien vom Wintersemester 1914/15
bis 1915 in Marburg, vom Wintersemester 1916/17 bis Sommersemester
1917 an der hiesigen Universität fort. Im Mai 1917 bestand ich hier
das medizinische Staatsexamen.